智元微库
OPEN MIND

成长也是一种美好

想

你想对了什么，想错了什么

［英］尼基·海斯　著
（Nicky Hayes）

姚瑞元　译

WHAT ARE YOU
THINKING?

WHY WE FEEL AND ACT THE WAY WE DO

人民邮电出版社

北京

图书在版编目（ＣＩＰ）数据

　想：你想对了什么，想错了什么／（英）尼基·海
斯（Nicky Hayes）著；姚瑞元译. -- 北京：人民邮电
出版社，2022.11（2024.1 重印）
　ISBN 978-7-115-59484-6

　Ⅰ. ①想… Ⅱ. ①尼… ②姚… Ⅲ. ①思维方法－通
俗读物 Ⅳ. ①B804-49

　中国版本图书馆CIP数据核字(2022)第104682号

◆ 　著　　　〔英〕尼基·海斯（Nicky Hayes）
　　　译　　　姚瑞元
　责任编辑　张渝涓
　责任印制　周昇亮

◆ 人民邮电出版社出版发行　　　北京市丰台区成寿寺路 11 号
　邮编 100164　电子邮件 315@ptpress.com.cn
　网址 http://www.ptpress.com.cn
　河北京平诚乾印刷有限公司印刷

◆ 开本：880×1230　1/32
　印张：7　　　　　　　　　　　2022 年 11 月第 1 版
　字数：200 千字　　　　　　　2024 年 1 月河北第 2 次印刷
　　　　著作权合同登记号　图字：01-2022-1422 号

定　价：59.80 元
读者服务热线：（010）81055522　印装质量热线：（010）81055316
反盗版热线：（010）81055315
广告经营许可证：京东市监广登字 20170147 号

赞誉

我一直对"人是如何思考的"这个话题非常感兴趣，无意中读到这本科普图书，作者在书中解答了我的不少疑问。

人与人之间的差异表面看起来与智力、教育背景、天赋等因素相关，但最重要的差异是思维方式的不同，思维方式的不同决定了我们如何面对生活的挑战，做怎样的行动，并最终导致怎样的结果。

在本书中，你可以了解人的大脑在日常生活中是怎样思考的，通过哪些方式进行判断和解决问题，如何进行感知，怎样形成信念，记忆和遗忘一件事时都经历了哪些过程。

从表面上看，大脑的思维过程是有意识的，但实际上，大多数想法是完全无意识的，在毫无知觉的情况下被某些因素影响。

举个例子：当你在购物或点外卖时，你有可能会下意识地选择以前看过广告宣传的产品或店铺，因为你的大脑在不知不觉中被广告影响了，一旦想起它，就不用考虑其他替代选项。

当你需要做出某个决定时，往往会参考以前的经验、喜好、情绪或信念，而忽略一些更关键的因素，甚至忽略一些可靠的证据，导致偏差的出现。

当你知道都需要注意哪些思维方式后，保持警惕，就能减少受影响的概率，提高成功率。

思维是一个非常复杂的过程，书中从思考方式、归因、判断、心理状态、感知、记忆、有意识和无意识等多个不同的角度来探讨大脑的思考过程，介绍了100多种有趣、有用的科学规则，会让你对大脑的运转产生更深入的了解和认知。

战　隼

知名自媒体（warfalcon）创始人，

100天行动发起人，时间管理专家

人的思维过程有时就像人的耳朵，如果不出岔子，我们很难关注到它们；但是耳朵可以出了岔子再去关注，思维过程却不同。如果没有"反思"，即对思维过程的观察和再思考，我们就会被本能和有限的经验、心理定势困住，就像一头曾经被困在动物园笼子里的熊，即使后来被放归自然，它也只能在笼子那么大的范围里打转。

苏格拉底说："不经反思的人生不值得一过。"如果没有反思，人生就可能像那头可怜的打转的熊，经历挫折后就被困在了圈里；而经过反思，知道自己想对过什么、做对过什么，想错了什么、做错了什么，又是怎么纠正这些错误的，人生才有持续成长成熟的可能性。

这本书教给我们的就是这样一种智慧——通过持续观察、自省和反思，关注到自己的"耳朵"，探索个体成长的无限可能。

付丽莎

北京航空航天大学马克思主义学院副教授、硕士生导师，

《百家讲坛》主讲人

拉开人生差距的不是努力，而是底层思维

为什么在面对同一件事情时，你想的与别人想的不一样？我们为什么有时会陷入思考的误区，又是基于什么样的思考做出决策与选择？

这些问题涉及一系列的思考过程。尼基·海斯（Nicky Hayes）在本书中，将思考过程从获取、存储、删减信息，再到处理信息、得出结论、做出判断，直至最后采取行动，从意识层面、潜意识层面等多个维度，为我们展开了一幅清晰的思考图谱。

思考贯穿我们的一生，也影响着我们做出大大小小的选择，在多重选择的叠加下，塑造了我们的人格，促使我们形成对自我、对他人以及对世界的认知，丰富了我们的内心世界。本书用平实、通俗的语言解释了人类的思考过程，帮助我们了解自己，改变自己，发展更多的创造性。

曾经有位 30 岁左右的女士迫于父母以及亲朋好友的压力，开始频繁相亲，结果见了 10 多位男士，无一人能入她的"法眼"。这究竟是为什么呢？她是如何对他人做出评判的呢？

我们在与他人第一次见面时，往往会形成第一印象，这个过程可能只需要 30 秒。第一印象的形成源自尼基·海斯提到的"心理定势"，它是指基于过去的经验与知识，并且会对特定的个体抱有某种预期。

相亲的男士把第一次约会的地点定在了一个中档餐厅，当这位女士来到约会地点环顾四周时，内心有种不受重视、被贬低的感觉。她的心理定势是，第一次约会就应该选一个温馨浪漫的高档场所，并且是精心挑选过的。这位男士就这样莫名其妙地被"淘汰"了。

不过，换一种"心理定势"，假如她觉得这家餐厅其实性价比很高，既经济实惠，又很有特色，她由此推断能选这样餐厅的人很会过日子，为人踏实，反而会因此给这位男士加分，对他产生好印象。这背后的生活经验可能是她的父母曾经给她植入的信息：浮夸、大手大脚的男人是靠不住的，只有这种踏实本分的男人才是合适的结婚对象。

在后一种选择下，相处一段时间后，这位女士发现对方太吝啬，总是斤斤计较，为此两人经常争吵，她在犹豫还要不要继续这段关系。可是，想到自己年龄也不小了，同时又担心继续相亲找的男人可能还不如这位。这时，她就在心中开始计算"沉没成本"，自己在这段感情上投入得越多，就越放不下，越无法割舍。因为，我们通常会对自己的潜在损失更敏感，即"损失厌恶"。

如果继续维持这段关系，那么，这位女士就需要拥有某种自我效能感，即认为自己有解决冲突的能力、有爱的能力、有情绪管理的能力、有共情的能力等，她对自己是有信心的。而缺乏自我效能感时，往往内在总有一个声音在告诉她：你不行，你不可以，你不能！

在冲突过程中，她可以有两种归因模式：一种是内归因，也就是认为冲突产生的问题都是自己造成的；另一种是外归因，也就是将问题归咎到对方身上，认为那都是他的错。不同的模式，会让人产生不同的应对策略：内归因的人，会有很多的自责与内疚感，会努力地改变自己；外归因的人，则会经常批评、指责对方，把精力都放在如何改变他人上。

当自己经过努力仍然没有太多改变或者要求别人改变却无效时，我们内在就会产生失控感与挫败感，此时就有可能陷入习得性无助。尼基·海斯认为，产生抑郁的一个很重要的原因就是这种习得性无助感，将所有的问题都归因于外在环境，而且环境中的这些因素是不可控的、不确定的，并且很容易将单个事件泛化到生活中的很多方面，甚至坚信这种痛苦在未来一直会持续发生。这样的思维方式的确会给人带来一种深深的无力感与宿命感，令人感到绝望而窒息。

你看，随着一段亲密关系的发展，我们的思维过程是多么丰富而多变，当我们受某些固定思维限制时，我们就会产生消极的体验，而当我们带着好奇，并且使用开放性、成长型思维思考时，我们就会发现更多的可能性，从而获得积极、幸福的体验。

苏格拉底说："不经反思的人生不值得一过。"尼基·海斯透过这本书帮助我们觉察自己的思考过程。大多数时候，我们会使用一种无意识的、快速的直觉性思维，这被诺贝尔经济学奖获得者丹尼尔·卡尼曼（Daniel Kahneman）定义为"系统一思维模式"。这种模式往往是不可靠的、片面的，有时甚至会产生致命的后果。我们更需要的是一种"系统二思维模式"，也就是具有逻辑性且有意为之的过程，这往往需要投入更多的心理能量和专注力，从计划到执行的每个环节均需要非常缜密的思考。假如，我们期待在人生中做出更恰当的选择，我们就更需要像训练身体肌肉那样去进行有意识的思维训练，这样才能更有效地使用"系统二思维模式"，从而获得更满意的结果，过更顺遂的人生。

任　丽

心理咨询师

《我们内在的防御》作者

于深圳福田

序

　　思维是人类日常生活中非常重要的高级活动，然而我们通常把大多数的思考①过程都视为理所当然。事实上，人类的思考活动比表面上所呈现的要复杂得多，它具有多面性。从问题决策到对自己和他人做出判断，再到人们如何思考以及如何形成想法，都对我们是谁和我们如何看待他人起着至关重要的作用。思考过程是如此重要，以至于单一领域的心理学并不能对它做出全面的阐释。认知心理学家会对人类的认知活动（即包括思考在内的心理活动）进行研究。我们关于人们如何思考的很多知识直接来自认知研究，比如，我们如何在头脑中显现信息，以及人们会用到哪些不同类型的记忆。

　　同时，我们也会从其他心理学领域获得知识。比如，神经心理学家就会对大脑如何工作进行研究。他们用扫描成像技术来观察在人们思考的过程中或在试图解决一道难题时，大脑的哪些功能区会处于活跃状态，关于这方面的大脑研究被称为认知神经科学。一些社会心理学家会专门从事社会认知的研究：研究涉及我们该如何与他人进行互动的思考过程，它可以通过我们自身的判

---

① 思考是思维的一种探索活动，思维是认知过程中比较高级的阶段。

断，抑或根据特定的社会情境采取相应的行动。而思考过程的某些方面也将不同领域的心理学联系起来，包括对共情的研究，以及人类的生物节律①如何对思维方式产生影响。

本书主要探讨了对日常生活施加重要影响的主要思维领域。首先，我们会了解人们如何做出决策和解决问题：这也许是当我们想到思维时，最先浮现在脑海中的议题。我们会了解到当人们选择那些看似容易的选项时，是怎样误入歧途的，之后又是如何纠正这些错误的。思维也包含做出决策的过程，其中既涉及他人，也关乎自身，本书的第2章会聚焦这类问题。我们会探究人们是如何习惯性地以不同的方式评判他人与自己，以及消极负面的诠释是如何导致抑郁的。之后，我们会继续关注创造力和顿悟，并且考量习惯和一般心理状态会对人们的其他思维过程带来多大的影响。

接下来，我们会从如何思考转而探究人们如何获得思考所需的信息。这是一个有趣的问题，即人们如何理解从外部世界接收到的信息：如何识别事物，在需要时又是如何利用信息采取行动的，以及人们的感知可能遭受欺骗的方式。我们还会检视人们用来表达和储存信息的不同方法。因为需要回忆信息，我们也会探讨不同的记忆类型，这些类型既包括对身体行动的记忆、对所用语言的记忆，还包括对尚未发生的计划和目的的记忆。当然，我

① 生物物理学名词又称"生物钟"。它是指生物体生理、行为及形态结构等随时间做周期变化的现象，是生物体内一种无形的"时钟"，如昼夜节律。——编者注

们不仅会记忆，还会遗忘。遗忘的发生出于多种原因，甚至包括无意识的意愿满足。

综上所述，人类的许多思维甚至不是有意识的，思维的复杂性可见一斑。但这一过程也相当有趣，了解到思维的不同侧面，并且认识到思维如何受到了无意识世界的影响，这不仅帮助我们了解自己，也有助于我们认知他人。

尼基·海斯

目录

1

日常生活中的思考方式

在第 1 章中,我们会探讨大家在处理日常事务和面对生活挑战时使用的思考方式。很多时候,我们并没有真正地进行思考,只是把一切视为理所当然,然后继续过每天的日子;但有些时候,我们也会为了解决问题而必须全神贯注。是什么造成了这种差异?当我们非常专注时,还会注意到周遭发生的事情吗?有时,我们会惊诧于自己竟然丝毫没有察觉某些事物。

　　我们的思考之路遍布捷径,但这些捷径经常将我们引入歧途。心理学家在研究我们所犯下的错误时,发现了上百种我们会被这些捷径或启发法误导的方式。例如,当多重选择呈现于眼前时,我们会习惯于做出最为熟悉的选择;又如,我们会对自身经验做出典型性假定,认为它可以为他人的经验代言。接下来,我们将探查其中常见的方式,并考量它们是如何影响我们的思考过程的。

觉察你的思考过程

当我们说某人不能一边走路一边嚼口香糖时，这其实是一个由来已久的侮辱性表达。它的意思是，此人智力有限，他不得不非常努力地专注于其他人会自动完成的事情。

我们的大部分思考过程是无意识的，这样的思考过程鲜被我们注意到。当回应他人的问候时，我们常常使用的回复是："我挺好，你呢？"在做出这样的回复时，我们不会思考自己到底说了什么。如果谁去逐字逐句地理解这样的回复，反而会让我们感到诧异。如果对方详细告知自身境况，用大量冗繁的细节来回应"你好吗"这样礼貌性的询问，那么我们会不知道该如何应对。然而，一般来说，大多数人能够理解这些话语字里行间要表达的意义——这只是一句友好的问候，而并非让他们分享自己的全部病史。

同样，当我们在做出简单的决策和解决容易的问题时，或多或少会经历这种无意识的思考过程。这一过程并不影响我们正在做的其他事，这其实是我们处理大多数日常事务并做出日常决定采取的方式。诺贝尔经济学奖获得者丹尼尔·卡尼曼将这一过程称为**系统一思维模式**（system 1 thinking）——一种无意识，不太费力的思维过程。这种思维模式可以让我们轻而易举地同时处理多项任务。例如，我们可以在遛狗的过程中思考晚餐吃什么。同样，我们也可以一边对那个冲自己微笑的人心生好感，一边得出 2 + 3 = 5 的计算结果。

> **系统一思维模式：**我们的日常思维模式，是一种快速的直觉性思维，但通常具有不准确和片面的特点。

但是，如果别人在我们遛狗时出了一道很复杂的题，比如，让我们计算从现在到下一个 2 月 29 日还有多少天，那么我们可能就要停下遛狗的脚步，专心致志地思考。有些事情需要我们停止其他思维处理过程，集中注意力，卡尼曼将其称为**系统二思维模式**（system 2 thinking）。这是一种具有逻辑性的系统思维过程，需要我们全身心地投入。

卡尼曼认为，大多数情况下，我们使用的是系统一思维模式。这种思维方式非常直接，无须认知活动的过多参与。但这种思维模式一般经不起推敲，由于我们对这种思维方式过于习以为常，会掉入各种各样的陷阱和误区。我们会在之后的章节中详细介绍这些陷阱和误区。在系统一思维模式中，我们主要依赖三个方面形成思维：第一，基于习惯而非思考所做出的日常假设；第二，在幼年时从家庭成员及长辈那里习得的"共识"，我们全盘接受这些"共识"，从未对其真实性产生怀疑；第三，关于是何原因造成的现状，以及事情因何会演变成这样的等问题所持有的共同社会表征。以上三个方面通常适用于日常对思维深入要求不高的情境。但是，当遇到真正需要我们清晰、准确地解决某事的情境时，这样的思维模式就失效了。在此情形下，我们就有了完全不同的思维方式。

回避来访者

关于快速思维和慢速思维，卡尼曼用新手分析师在接待一种特定类型的来访者时会拥有的思维方式举例。一位来访者来咨询时，透露了先前自己与其他分析师在聚焦自己的问题时所做出的很多失败尝试，之后表示自己觉得这位新手分析师会与其他分析师不同，一定可以理解自己的困境，并帮助自己解决问题。督导师会强烈建议新手分析师不要尝试接诊这样的来访者。新手分析师的第一反应（系统一思维模式）是同情来访者，以及相信这次自己可以为来访者提供帮助。其实，此时的分析师应以理性为前提摈弃自己的第一反应，合理分析支持证据（系统二思维模式），结合来访者之前的咨询记录，意识到尝试接诊这样的来访者不仅无益于来访者，对于自己的分析师之路也有自毁的倾向。如果来访者之前只见过一两个分析师，那么，尝试一下也许是可行的。但是，如果之前已经有好几位同行都接诊过这位来访者，那么千万不要尝试。在这种状况下，新手分析师绝不可能提供什么有效的帮助。任何尝试都很可能令新手分析师陷入专业上的困境。

> **系统二思维模式：**具有逻辑性且是有意为之的思维过程，此思维过程相对缓慢，也需要投入更多的专注力，但思维结果相当准确。

系统二思维模式的冲动性减弱，较之系统一思维模式也更为谨慎。这一思维过程会消耗更多的心理能量，因为我们并不是一有解决方案就马上采纳，而是会仔细研究问题，考虑需要做些什么，以及为了解决问题而需要采取的具体步骤，或者至少可以做出哪些尝试。当然，在系统二思维模式中，我们仍然会被归因偏差或心理定势[①]左右。我们会在之后的章节中逐一探讨这些问题。

当我们说系统二思维模式会消耗更多的心理能量时，这不是在开玩笑。事实上，它也会消耗很多的身体能量，这就是为什么当你长时间专注于做某件事情后，会感到身体非常疲惫。但与此同时，你也会感到心情愉悦：人们出于消遣的目的会去玩填字游戏或数独游戏，这都是需要系统二思维模式参与的。作家、艺术家以及长期专注于某事的人们也经常表达他们从所做的工作中收获的满足感。思维训练如同身体训练一样，可以让人筋疲力尽，但同时也会让人感到非常惬意。

---

① 心理学名词，英文为"mental set"。它是指重复先前的心理操作所引起的对活动的准备状态。——编者注

你忽略了什么

我们每天的思维过程并不是随意的。即使很想尝试解决任何问题或者挑战一切难题，我们也不会单纯地那样去做。我们看问题的角度受到一系列因素的支配，诸如过往的经验、对于情境的熟悉度、试图解决问题的最初动机，其中最为重要的也许就是在此过程中我们所怀有的期待。

我们对任何情境都抱有期待，而这些期待实际上提供了一个思维框架，我们不仅可以借此搞明白正在面临的问题，也可以准备好用特定的方式去思考解决途径。这种思维框架被称为**心理定势**（mental set）。在心理学家眼中，此时的英文单词"set"并非意味着一组事物或一连串想法。它在此处的含义与赛跑发令员下达的开赛指令相同，"各就位——预备——开始！"它代表着就位，集中注意力，然后以特定的方式准备开始行动（或思考）。

心理定势：思维过程中的准备状态，这种状态使我们特别关注某一特定类型的信息。

心理定势是一项强大的认知机制，影响我们解决问题的过程。一般而言，在解决问题的过程中，我们更有可能采取熟悉的策略，即相较于陌生的新策略，我们更有可能采取那些在之前解决问题的过程中奏效的策略，即使新策略会更加有效，我们依然会这样选择。一项经典的实验研究展现了这种策略的选择过程：实验要求参与者仅仅使用三个不同容积的罐子，精确地测量出水量。实验一开始的几个问题是，实验参与者需要将水在大、中、小三个不同的容器间进行倾倒，只有经过一整套复杂的操作过程才能得出答案，而之后的问题则有更为容易的解决途径，但是参与者已经习惯了先前复杂的解决步骤，完全想不到使用简单的方法。因此，他们仍然用之前的方法解决后面的问题，而这些方法比实际需要的步骤复杂得多。

令人印象更为深刻的心理定势研究还在后面。心理学家克里斯托弗·查布里斯（Christopher Chabris）和丹尼尔·西蒙斯（Daniel Simons）在他们的经典研究中给我们提供了一个了不起的例子，这项研究让我们知道了心理定势可以对认知造成的影响有多大。在研究中，他们让被试观看一场篮球运动的录像，录像中一队队员身穿白色T恤，另一队队员身穿黑色T恤。被试需要在观看录像时数一下身穿白色T恤的团队成员一共传了多少次球，同时忽略身穿黑色T恤的团队成员的传球数。游戏进行得很快，被试必须集中注意力。在录像中，一个穿着大猩猩玩偶套装的女性径直走入画面，并停在正中间的位置，还像猩猩一样捶打自己的胸口，然后走出了画面。这只大猩猩清楚地呈现在录像画面中的时间长达约 9 秒。

每一个不带任何任务去观看录像的人都会说，这只乱入的大猩猩是整个录像中最令人难忘和最引人注目的存在。但是当查布里斯和西蒙斯将短片呈现给数千名需要回答上述问题的被试后，有将近一半的人在计算传球数的时候并没有注意到大猩猩的出现。他们如此专注于正在观察的事物，以至于其他的一切都被剪裁到自身意识之外。事实上，当这些人第二次观看这段录像时，他们感到惊讶不已，其中一些人甚至坚称这不是他们之前看过的那段录像，他们坚信自己一开始观看的录像中确实没有那只大猩猩。

这项研究向我们展示了心理定势的威力，其威力可以强大到让我们对显而易见的事物视而不见。对于大猩猩实验的一项重复性研究使用了眼动追踪技术，该研究的结果显示，没有注意到大猩猩的被试和那些的确看到大猩猩的被试一样，在大猩猩出现时都花了同样的时间直视它，而前者只是没有觉察到信号出现而已。研究者将这种现象称为**无意视盲**（inattentional blindness）。

> **无意视盲：**人们将注意力集中在其他一些事情上，因此没能觉察到明显呈现于自己眼前的事物。

在生活中，我们或多或少都会对将遇到的事情做一些准备，我们形成了思维定势，准备好去应对即将发生的事件。然而，正如我们所见，心理定势引导我们采取常用却又不适合的问题解决策略。有时，这些心理定势会让我们无法注意到发生在眼前的事实。

你没看到那辆摩托车吗

无意视盲远比我们想象的更为常见，比如它解释了大多数摩托车事故发生的原因。事故中的汽车驾驶员几乎总说他们"只是没有看见"跟在身后的摩托车，这是因为他们的注意力都集中在其他路况上，包括前后左右其他汽车的行驶位置和行驶速度。因此，他们并没有预判到在此过程中会遇上一辆摩托车。

值得注意的是，曾经有摩托车骑行经验的汽车驾驶员就不太会遇到这类事故，因为他们比其他没有相关经验的驾驶员更能预判遭遇摩托车的可能性。

最容易走入的思维捷径

你计算过自己每天要做多少个选择吗？可能大部分人都没有计算过。现代生活充斥着各种各样的选择，如穿什么、买什么、看什么、吃什么、怎么去旅行等，需要选择的事项数不胜数。我们到底该如何应对呢？

如果必须考虑一件事情的所有可选项，那么我们就没有那么多的时间或脑容量去思考其他事情。因此，当必须做选择时，我们会使用一些快捷的方法或启发法，去简化思考过程，帮助我们快速做出决策。

有时，我们会直接奔向那些最容易浮现在思维层面的选项。**可得性启发法**（availability heuristic）就是这样的一类心理捷径。比如，如果你想叫外卖，你更有可能订购那些宣传广告在你的脑海中快速闪过的公司的产品，这或许是因为不久之前你看到这家公司的消息，或者是因为这家公司的产品有某些吸引人的特点，以至于你很自然地想起它。在思考过程中的可获得性，意味着选择它之后，你就不用再考虑其他替代选项。与其他启发法类似，可得性启发法会帮助你省去很多额外的脑力工作。

> **可得性启发法：**一种思维方式，是指那些最先在思维层面浮现的选项，经常被人们用来作为决策的依据。

思维可得性并不只与宣传广告相关。它也许来自个人经验，如因为之前用过某个品牌的产品，所以我们只会关注这个特定品牌的计算机或手机产品。思维可得性也可能源自对结果的觉知。比如，你在某个集市上发现了一件东西，觉得它可以作为一份完美的礼物送给朋友，那么下一次再挑选礼物时，你还会倾向于在同一个集市上寻找。或者，某一款洗衣机给你的某个家庭成员带来了很大的麻烦，那么你在挑选洗衣机时可能就不会把这个品牌的产品列入考察范围。

可得性之所以产生作用是基于以下原则，即如果你想到了什么，那么你所想到的一定是重要的。这就意味着，可得性启发法会在一定程度上扭曲我们的思考过程。比如，你去问一下，人们认为最常见的犯罪类型是什么，大多数人会说是谋杀犯罪。因为新闻报道和电视剧的影响，谋杀是我们经常听到的犯罪类型，由此我们总是高估它实际发生的概率。事实上，在现代社会中，谋杀犯罪是相当少见的，只是因为它获得了广泛的宣传，就比其他犯罪类型具备了更多认知上的可获得性。也就是说，谋杀犯罪这种犯罪类型在思维层面更容易获得。如果要说出其他犯罪类型，我们要考虑的东西则会多得多。当然，如果我们最近有过相关经历，则另当别论。去问那些近来有被盗窃经历的人，你会发现，他们对常见的犯罪类型有着不一样的看法。

由于没有真正思考过更好的解决方案，可得性启发法可能会令我们做出荒唐且不合时宜的决策。但有时候，这种启发法也帮了大忙。比如，当面对一个棘手或危险的难题时，可得性启发法会让我们想起某个人处理过类似的问题，从而为我们提供借鉴。在思考过程中，可得性启发法极具威力。当然，广告赞助商也深谙此理。

在我们需要做出更为复杂的决策时，另一个可以用来节省脑力工作的启发法是**满意度法则**（satisficing principle）。基本上，满意度法则会让我们倾向于选择第一个能够满足最低要求的解决方案。我的一个朋友因为上学的交通问题，需要租房住。她有很多套备选房屋要看，但她一点儿也不喜欢不停地看房子的过程，只想赶紧找个地方，解决问题。因此，在没有查看所有备选项的情况下，我的朋友直接租下了她去看的第一套房子。不过，她很快就陷入深深的懊恼之中，因为她意识到自己本可以用同样的租金租下更好的房子。这就是满意度法则，它省却了思维活动，却和很多启发法一样，并不总是带来最优的选择结果。

满意度法则： 一种思维方式，是指人们有时倾向于选择第一个满足任务最低要求的可用选项。

我们也会使用其他启发法。心理学家已经辨识了上百种思维启发法，但是本书不会一一论述。比如，人们之所以会选中一些特定选项，是因为最近遇到过类似选择，觉得有联系。或者，人们会偏好一些像是特别为自己年龄设置的选项。还有现状偏见，这与摇滚乐队没有什么关系①，只是我们通常喜欢维持事物本来的样子，而不愿意做一些可能会带来改变的选择。启发法能把我们引入歧途，但有时又会为我们提供最适合的路径。所有启发法都有助于人们减少认知负担，简化思维过程。

---

① "现状偏见"的英文名词是"status quo bias"，而英国有一支知名的摇滚乐队叫"Status quo"（现状），作者在这里仅是幽默地提及而已。——编者注

经验主义带来的偏差

　　我们会对一些问题做出自己的判断，诸如，什么是典型的做法或大多数人会如何选择，但是这些判断通常基于错误的逻辑。大多数情况下，我们几乎意识不到自己正在做决定。我们只是想了一下，然后觉得自己即将做的决定也是其他人将要做的，或者自己已经做的选择也是其他人做过了的。这很正常，不是吗？如果需要筹划某事或做出决策，那么我们会选择自己认为最有可能的解释，或者在我们看来最典型的方案。

　　很多已有的决策其实是基于有限的信息做出的。每当信息匮乏时，我们会受到所谓的典型事例的影响，于是我们会使用**代表性启发法**（representativeness heuristic）。在这类心理捷径中，我们会倾向于选择那些看起来在所有选项中最具代表性和象征性的选项。例如，如果我们看到一个身材健硕的中年男子和一个身材瘦小的年轻男子站在一起，而且知道他们其中一个是建筑工人，另一个是图书管理员。我们会自然地假定那位身材健硕的中年男子是建筑工人，而身材瘦小的青年人是图书管理员。这几乎是一个无须思考的过程：如果我们发现事实正好相反，那么一定会惊诧不已。

> **代表性启发法：** 一种常见的思维偏差，是指我们倾向于通过与已知类似事物的比较对一件事物做出判断。

在这个例子中，代表性启发法的作用显而易见，但有时候，它也会以更微妙的方式误导我们的判断。如何评估相似性的问题更加麻烦——当前选项是否与之前遇到的例子相似，还是选项本身更符合我们现有的特定观念。无须花太多心思便可做出简单的选择，但是这样做又会将我们引入歧途，毕竟二者相似，不代表二者相同。

在思考过程中，我们也会使用其他启发法或捷径。有一次，我和一位同伴在苏格兰高地①露营。我们与邻近帐篷里的人交上了朋友，他们来自苏格兰高地的另一个地区。当时，一架直升机从露营地的上空飞过，我们的新朋友马上说"直升机很可能又去营救受困人员了"，我和同伴对他们的说法感到吃惊。生活在城市中的我们很容易假定，直升机出动与警察执行任务有关，这是基于直升机在我们头顶盘旋的日常经验。每个人都会使用**基础比率启发法**（base-rate heuristic），即另一个心理捷径，它是指人们利用自己的个人经验来诠释正在发生的事件。

基础比率启发法在很多情况下都很管用，但有时也会带来实际问题。比如，20世纪下半叶的一项研究发现，即使来自西印度群岛的移民群体和欧洲裔群体在智力、人格特征和家庭背景方面非常接近，前者还是更有可能被诊断为精神失常。于是，这就成

---

① 这是对苏格兰高地边界断层以西和以北的山地的称呼。许多人将苏格兰高地称为欧洲风景最优美的地区。——编者注

了一个文化差异的问题，与心理健康的异常状态并没有多少关系。西印度群岛的文化传统更加崇尚充满活力的强势表达，这种文化传统会令矜持克制的（或者沉闷压抑的）欧洲裔精神科医生感到不适，因为这不是他们平时看到的人格特征和精神状态。这些精神科医生只在精神失常的人群中看到过类似情况（他们根据过去所遇到的患者情况形成了基础比率信息），因此他们倾向于将西印度群岛的移民诊断为精神错乱或反常，事实上，根本就不是那么回事儿。我们所认为的正常，不过是我们自己所习惯的方式而已。

基础比率启发法： 在这种心理捷径中，人们假定自己已知的事物代表了或可以解释他们所遇到的未知事物。

不同的气候

迪士尼公司计划在欧洲建造一座新的迪士尼乐园，并以此作为美国加利福尼亚州迪士尼乐园和佛罗里达州迪士尼世界这两座成功的主题乐园的补充，主要的候选地点被缩减至两个：一个位于法国巴黎附近；另一个靠近西班牙马德里。决策者一开始想的是，临近巴黎的地理位置会更容易宣传，而且凭借时尚之都的身份，巴黎会比马德里更能将这座乐园打造得光彩夺目。尽管决策者拿到了关于两地的海量信息，包括气候和天气数据（巴黎比马德里更潮湿），但是他们最终选择在法国建造新园区。法国的新乐园照搬了美国那两座广受欢迎的主题乐园的设计，但决策者彼时忽略了一点，美国的两座迪士尼乐园都位于阳光充足、雨量稀少的地区。当位于巴黎的迪士尼乐园开业时，决策者发现，由于在排队等候玩游乐项目时不得不忍受巴黎湿冷的气候条件，以及欠缺遮蔽措施和恶劣天气的应急预案，游客们的游览体验大打折扣。这种在决策中的己方偏差给迪士尼公司造成了数百万美元的损失，也导致公司需要对巴黎迪士尼乐园的基础设施重新调整以适应当地的气候，而气候因素其实在项目筹备阶段就是需要被考虑和规划的。也许从表面上看，西班牙马德里的条件没那么诱人，但从长远来看却是最划算的选择。

另一个我们在思考过程中会使用的启发法叫作己方偏差（myside bias），它也是生活中常见的偏差类型之一。我们习惯于按照自己的信念或喜好去评估想法和事件，这也导致了偏差的出现：我们更可能选择那些和自己的想法或偏好联系最为紧密的选项。但这也容易让人犯下严重的错误，因为这种选择方式意味着我们会忽略其他选项，并且用自己希望看到的方式去诠释那些模棱两可的信息。

己方偏差很难被扭转。那些强烈的偏好或坚定的信念，让我们基本上会拒绝接纳任何挑战这些偏好或信念的信息。我们千方百计地寻找可以证明信息不可靠的证据，或者质疑信息来源的正当性。有时，我们也会无视这些信息的存在，把它们直接过滤掉。这是否意味着我们从不改变立场？也不是，但那需要大量令人信服的证据才会让我们做出改变。不论多么奇怪的信念，经过互联网上大量信息的不断强化，最终会导致我们长久地生活在自己创造的认知气泡里，而且这气泡很难被任何与我们的信念相悖的证据戳破。

个人智慧与群体盲思

你可能会认为，与其他人共享信息和共同制定决策会好过自己一个人做决定。你没有这么想过吗? 情况并非总是如此。群体决策有时会收到与你的预期完全相反的效果，甚至会产生灾难性的后果。

当处于群体之中时，我们会感到自己并不需要像单独行动时承担那么大的责任。因此，由群体做出的决策会容易走向极端。群体偶尔还会形成相当大胆冒进的主张，他们会倾向于采取一些更具挑战性或更危险的举动，而这类举动往往会超出群体能够承受的范围。这种现象被称为**群体极化**（group polarization）——一种极端化倾向。这种现象的出现很大程度上取决于群体内讨论的发展方向。如果群体内的一个成员提出了一项冒险的策略，其他人就会开始思考更为冒险的提议，从而群体内的讨论会倾向于形成一个更为危险的决定。然而，如果一个成员最初抛出的方案比较保守谨慎，那么群体内的其他成员就会将讨论推向更为谨慎的方向，最后形成的决定也会比个体成员的决定更加保守。

有几种解释可以帮助我们理解这一现象，其中之一为共享责任。当然，这也需要考虑整个群体的规范准则：如果整个群体重视安全与保障，那么群体成员更可能采取更为谨慎安全的策略；如果一个公司或部门充满活力，且喜欢直面挑战，那么他们更可能选择冒险的方式。群体极化出现的另一个原因是，群体成员想通过自己提出的更为大胆或更为谨慎的主张，给群体内的其他成员留下深刻的印象。无论出于哪种原因，群体成员间的讨论往往会以这种极端决定为终结，有时的极端性甚至可以达到不切实际的程度。

> **群体极化：**相比个体成员单独做的决定，群体成员共同做出的决定更为极端。

更为严重的是，有时候，事实上还相当频繁，群体所做出的决定会带来灾难性的后果，其原因是群体内的某些成员过于自信，以至于不会考虑那些对他们的想法或者假设构成威胁的信息。历史上不乏这样的例子：1986 年，美国国家航空航天局（NASA）只是为了炫耀首次成功地将普通公民送入太空，不顾技术部门的反对意见，做出了发射挑战者号（Challenger）航天飞机的骇人决定；1995 年发生的英国巴林银行（Barings Bank）倒闭事件；等等。

以下是众所周知的**群体盲思（groupthink）**的作用机制。

- 合理化：群体运用一切借口和理由去拒绝那些不受欢迎的解决方案。

- 服从主流：群体坚持认为，群体中的每个成员都应该遵从主流观点，也不会认真对待群体内的异议和质疑。

- 刻板印象：群体对任何反对的声音都抱有成见或进行冷嘲

热讽，并且把这种成见视为可以忽视异议的理由。

- 全体一致的错觉：群体内的成员隐藏自己真实的想法，以免被忽略排挤，或者被其他成员冷嘲热讽。

- 群体思维卫士：群体内某些成员会直接压制或者过滤掉与群体主流意见相悖的想法或观点。

- 自我审查：群体成员即使对主流观点存在异议，但也只是保持沉默，并不会公开表述自己的想法。

- 无懈可击的错觉：整个群体或代表群体的委员会表现得好像不会发生任何问题或出现任何例外。

- 道德的错觉：群体假定他们做出的所有决策都是正义且正确的。

群体盲思：长期稳固的群体由于相信自己不会做出错误的决定，更容易自以为是，也因此更倾向于做出不明智的决策。

群体盲思是所有长期稳定或实力强大的群体都很容易掉入的常见陷阱。唯有广开言路，鼓励群体成员表达不同的意见，才能对群体盲思构成威胁与挑战。许多领导者对此感到不适，但历史证明，群体盲思会带来惨痛的教训，也经常是终极的教训。如果想避免这样的教训，就要在决策过程中鼓励辩论与挑战，以及基于现实进行讨论。如果人们对每件事的意见都高度一致，那么就会陷入群体盲思的困局，并且很有可能深受其害。

沉没成本与损失厌恶

除非你是每天只开新车的幸运儿，否则至少有那么一次，你会痛苦地意识到，自己的座驾已经老旧到不值得再花钱去修了。汽车使用的时间越久，问题就越是不断地冒出来，然后就需要一次次地花钱维修。到了某个时间点，车主就需要做出选择：要么花钱去检修一下这辆车最近出现的毛病，要么更新换代。此时的问题是，车主已经在这辆车上花了这么多钱，就这样淘汰这辆车，那么之前花的钱不都打水漂了吗？这样的想法会让车主很难做出最好的决定。这种情况被称为**心理陷阱**（entrapment），即人们之所以会陷在错误的决定里无法自拔，是因为他们之前在这件事情上投入过多。

> **心理陷阱：**由于不想放弃已经投入的成本，个体会继续采取无效的行为方式来加大投入。

在修理汽车的例子中，车主的行为可以被称为"花冤枉钱"。尽管我们会觉得，如果这次不做些什么，那么之前在这辆车上的花销就会打了水漂，只有这次做些什么才能让之前花的钱变得有价值。但现实的问题是，之前的钱已经花掉了，继续投入更多的钱只是浪费而已。意识到什么时候该放弃、什么时候该从泥潭中抽身而出相当重要。

心理陷阱也被称作沉没成本谬误。沉没成本是用来描述过往投入的一个经济学术语，但它并不必然和金钱相关。关于沉没成本的案例在我们的生活中随处可见，比如，某些人为了获得某个专业学位已经花了好几年时间，但是此时发现自己对其他行业更感兴趣。如果他们决定坚持现在已经提不起兴致的、最初的职业规划，那么他们这些年花在获取该学位上的时间就是沉没成本，谬误就出现了，他们的坚持只是想让之前那些年的努力不至于白费。于是，他们发现自己困在了一份并不喜欢的工作里，在这上面将会投入更多的时间。直到中年危机降临，他们才着手职业转型！只是因为买了电影票，我们或许就会选择留在电影院里，继续看完那场自己并不中意的电影。只是因为付出了很多努力，我们就会选择留在一段糟糕的亲密关系里，为它浪费更多的时间。沉没成本谬误可以通过很多方式影响我们的认知和行为。

心理陷阱和沉没成本谬误都与另一个决策倾向相关，即**损失厌恶（loss aversion）**。它是指与潜在收益相比，我们对潜在损失更为敏感。损失厌恶对我们的思考过程产生了深远的影响。我们可以在电视游戏类节目中看到它是如何发挥作用的，节目选手已经在游戏中赢了一大笔钱，但如果没有赢得真正的大奖，他们仍然会感到相当失落。他们的失落感抵消了因为已经赢得部分奖金而该有的喜悦感。在抑郁症发作期，人们更容易受到损失厌恶的影响，在彼时彼刻，我们通常更容易关注负面信息，而忽视那些积极、正面的能量。因此，我们很难对损失或失去的事物处之泰然，也更难关注自己已经拥有或收获的东西。

> **损失厌恶：** 个体更容易受到潜在损失而非潜在收益影响的倾向。

心理陷阱和损失厌恶都会影响思考过程，尤其会让我们做出不明智的决定。如果对这两种思维方式保持足够的警觉，那么我们可能就不会受其影响。其中，设置限定条件是一个不错的方式，比如我们需要为行驶在路上的旧车限定维修金额，或者我们认为享受工作带来的愉悦感以及享有对工作的满意感是比避免"浪费时光"更为重要的事情。但是关键在于，我们需要了解何时设置限定条件最为合适。

主观情绪的影响

生而为人，每个人都有欢喜、厌恶等一系列情绪反应。有一些事物让我们欣喜，有一些让我们憎恶，更多的时候我们位于两种情绪之间。这其实是，我之所以成为我的非常重要的组成部分。但是人们的情绪、情感和观点会对思考过程产生不容忽视的影响。

比如，我们都更喜欢听到强化自己已有视角的观点，这可以印证自身想法的正确性。同时，我们会避免或拒绝接受那些挑战自身观点的信息，这种现象被称为**确认偏差**（confirmation bias）。确认偏差是指，如果某个人讲述的观点和我们已有的认知结构相符，那么我们更容易接受此人的观点；反之，如果某人想要改变我们的视角或试图让我们接受更为新颖独特的看法，那么他的表达则需要更具说服力。我们更倾向于接受那些和自身的认知角度一致的观点。

确认偏差：个体更倾向于接受那些与自身信念或者想要相信的观点相符的信息。

　　确认偏差也意味着，我们通常都是按照自己的信念去评估某些表述或观点的价值，评价它们是否真实或重要。在前文中提到的己方偏差，就表明了我们不仅喜欢那些与自身想法相符的信息，而且认为这些信息非常重要且有价值。此外，思考过程中的第三个倾向就是主动选择那些我们想要关注的事物。我们不仅抗拒那些不受欢迎的信息，还会主动规避那些和自身信念与喜好相斥的信号。这种选择性暴露（selective exposure）意味着，通过对所接触的信息进行筛选，我们能够在自己所秉持的信念中处之泰然，从而无须面对由和信念相矛盾的事实引发的认知扰动。

　　不仅信念和观点会以这种方式影响人们的思考过程，心境状态也会如此。我们都时不时会情绪低落，即使你通常都是愉悦欢快的，也难免有那么几天觉得自己的状态不像别人那般富有生气。其实，许多人都体验过情绪极端低落的时刻。当然，我们也会经历截然相反的情形——身边的一切仅仅是刚刚好，但是我们却感觉特别好，有时甚至相当开心。心理学家发现，我们所处的情绪状态对自身的思维方式和记忆会产生直接影响。如果我们情绪低落，就更有可能记得那些不愉快或令人心情压抑的事件；如果我们感到高兴，就会常常回忆起更加积极正面的事情。比如，在亲密关系里，如果一方生气恼怒或心情糟糕，他就会把注意力放在伴侣的不足之处或过去那些令人气愤的行为上；但是，如果他此时感到开心或满足，那些不愉快的记忆就会被全部忘记，这就是所谓的**状态依赖**（state dependency）。情绪体验造就了身体和心理状态，身心状态为记忆营造了氛围，而记忆又直接影响我们那一刻的思考方式，以及我们所做出的决策。

> **状态依赖：**情绪或心境塑造我们的思维和记忆，影响我们
> 的选择，左右彼时能够在大脑中回忆起来的事件。

阴谋论与互联网

阴谋论的最大吸引力在于它否认了"事情有时就这么发生了"的观点，或者不认为事件的负责人仅仅是出于无知才采取的行动。阴谋论肯定了人们的怀疑，即"他们"（无论"他们"是谁）对任何一件已经发生或者正在发生的坏事都负有责任。从这个意义上讲，阴谋论是现代社会最为常见的有关确认偏差的例证之一，其在范围和数量上的显著增加与互联网的飞速发展密切相关，也与怀有共同想法和兴趣的人们越来越容易联系到彼此密不可分。

当然，互联网带来了诸多社会效益，对降低人与人之间的孤独感和隔离感起到了积极的作用。但这也意味着，那些怀有极端甚至是危险信念的人们更容易找到怀有相似信念的同类，而得到他人的支持也对坚持自身的信念起到了强化作用，从而更加巩固了确认偏差，也使人们更容易拒绝反面证据。与此同时，社交媒体的算法加剧了这一问题，这些算法可以对用户偏好进行识别，为用户提供看起来与自身偏好相似或相关的信息反馈。长此以往，个体会完全被认同自己信念的媒体信息包围，而与和自己信念相对立的信息隔绝。

　　情绪的高涨与低落并不完全是对等的，与正面开心的记忆相比，我们会稍微倾向于关注那些负面的不愉快的记忆。部分原因是人类的社会属性：大多数人倾向于与人相处，因此，人们尤其会对那些打破社会共识的事件做出强烈的反应，这对任何社会化动物来说都很重要。大多数时候，我们与他人的交往都是开心的，或表露出无所谓好坏的中性情绪。对此，我们已经习以为常。但是，一次具有攻击性、令人不快的遭遇会毁掉我们的一整天，也会令这一天里我们所收获的所有积极体验一扫而空。这就是我们所记住的经历。

　　你一定认为，快乐和满足意味着你已经准备好大手大脚地花钱了，不是吗？快乐的人不是比痛苦的人更加慷慨吗？你说对了一部分：快乐的人确实更可能为慈善事业做出贡献，或者救济街上的穷人。但是，当需要购买一件商品或支付某项活动的费用时，快乐的人并不总是乐于掏钱包的那个。这就是研究者所称的痛苦非吝啬效应（misery-is-not-miserly effect），即拥有悲伤或抑郁情绪的人与不在这种情绪状态下的人相比，往往会在购物或支付活动费用上花更多的钱。这也许是因为，他们感到自己有权利花更多的钱让自己高兴起来，也许消费本身让他们感到舒心愉悦，又或者他们懒得去找其他可以让自己情绪得以好转的方式。所以，当你下一次情绪低落，准备直奔商场时，或许应该想一想痛苦非吝啬效应。

2

归因与判断

本章讲述的是如何对周围的世界进行评估。我们的世界被他人包围着，我们会十分关心他人对自己的看法和意见。对于已经发生的事情背后的原因，以及人们（甚至我们自己）为什么会做出这样或那样的反应，我们都各有一套自己的理论，而这些归因方式影响人们对世界和自身动机的理解。比如，我们需要感受到自己对生活的掌控，一种持续的无力感会令我们陷入抑郁状态。

　　归因方式也会影响判断力。我们常常热衷于评判他人，尽管这种评判方式与我们在评判自身行为时所使用的方式并不相同。我们也会对责任归属进行判定，但这种判定并不总是具有逻辑性。

第一印象的重要性

我们能够很快形成对他人的印象。事实上，我们几乎一见到这个人，就能形成对他的印象。这种印象并不总是准确的，尽管研究结论不太一致，但是大概的准确率也能达到 60%。同时，我们和对方见面的原因也会对形成印象产生影响。假设你作为某杂志记者对某人进行采访，或者与相亲对象第一次见面，抑或是在面试时与潜在雇主第一次会谈，你对某人形成的第一印象会因为你见他的目的而不同。但是，不管见面的情境如何，第一印象都具有一定的影响力。

那么，第一印象是如何起作用的呢？它始于我们在前文中讲到的心理定势。每个人都有与他人有关的生活经验与知识，这些经验和知识结合在一起就形成了我们对特定个体的预期，即他们在我们看来可能是什么样子的。比如，你想象一下图书管理员应该是什么样子的。他们在你脑海中的形象与工程师一样吗？与农民相比又有什么不同？现在你可以问问自己：自己在现实生活中见过图书管理员、工程师或农民吗？如果见过，那么他们与你脑海中的形象真的一致吗？

也许并不一致。我们都有对他人和他们所从事职业的刻板印象，也知道在现实生活中人与人之间存在相当大的差异。如果你去参加一场工作面试，你的面试官会在心里对岗位有一定的预期，这会影响他们对求职者的期待。几乎所有人都会经历面试，如果是面试一份工作，心理定势则对面试中的方方面面产生重大影响。

你的面试官也可以通过其他方式对你的情况进行初步了解。他们可能已经浏览了你的求职申请与简历，了解你是如何描述自己的经历、个人兴趣和想法的，这些都能帮助他们形成心理定势。在你进入面试房间前，面试官就已经从你的求职申请里形成了对你的最初印象，同时也思考了该职位的理想候选人应该具备的条件。

这时，选择权掌握在你的手上：我是尽可能地贴合他们对于理想候选人的期待，让他们觉得我就是该职位的完美人选，还是应该为他们呈现一个与众不同、大胆且有趣的应聘者，让他们真心希望我能加入他们的团队呢？怎么选，只有你能决定。

但是无论怎么选，当你走进那扇门，你给人留下的第一印象就变得至关重要。有关**首因效应**（primacy effect）的研究表明，我们所接收到的第一份信息对于之后的判断会产生相当重要的影响，此影响要远远超过之后收到的任何细节补充。

首因效应：一项列表或一组信息中的前几项内容是最能给人们带来影响或最容易被人们记住的。

在一项研究中，实验者给被试呈现了一场问答竞赛中选手们回答 30 道竞赛题的过程。在此过程中，所有选手最终都会答对 15 道题。一些选手在问答竞赛刚开始时就回答对了几道题，而另一些则在错了好几道题之后才开始答对题。在问答竞赛结束后，要求一组被试评价竞赛选手的表现。结果显示，被试都会一致性地高估那些在一开始就答对题的选手的成绩，普遍认为他们答对了 18 道或 20 道，同时还会低估那些在稍后才答对题的选手的成绩，估计他们的正确题数在 10~12 道之间。

给人留下好的第一印象确实会对你大有助益。与看上去严肃果敢的应聘者相比，一个看起来心情愉悦的应聘者微笑着走进面试房间，会给面试官带来完全不同的感受。积极正面的信息对职位申请也相当重要，特别是当你做过一些特别有价值的事情，或者以卓越成绩完成了某项任务时。这是因为，它可以制造一种**晕轮效应**（halo effect）。比如，项目成绩优异的运动员退役后，在其他领域也经常可以相对容易地取得成就。运动员的成就与其忘我精神会给未来的雇主留下深刻的印象，也会让他们的其他能力得到同样积极的评价。因此，面试官会变得比较宽容，甚至会忽略面前这位退役运动员实际上缺乏相应的工作经验，面试官此时的态度也会低估其他应聘者与这份工作的匹配度，从而认为其他应聘者不能胜任这份工作。晕轮效应可以让被评判者占据明显的优势，同样，糟糕的第一印象也会使人们处于严重劣势。这也是第一印象是如何塑造我们思维的部分原因。

> **晕轮效应：**我们对一个人的积极评价，是根据他身上一些
> 与该评价无关的优秀品质做出的。

什么都可以做好

晕轮效应的说法由来已久。1920 年，美国心理学家爱德华·桑代克（Edward Thorndike）让军队的指挥官在身体素质、领导力、智力、人格特质和外貌方面对他们的下级士兵进行评价。

桑代克发现，外貌出众的士兵会被认为更加友好和慷慨，而那些公认的聪明人也会在人格特质和领导力上得到更高的分数。这就是晕轮效应。这意味着，外貌上的吸引力会让人看起来更有创造力，而讨人喜欢的人格特质也暗示着更有才华和能力。

这是我们在做出判断时都有可能犯下的常见错误，而且这种错误一直存在：最近的研究表明，高智商分数是如何寓示一个人态度友善和谈吐诙谐的，而在工作面试时"更为健康"的形象又是如何暗示人们拥有更为突出的领导品质的。

因此，你和别人首次见面的最初几秒是非常重要的，它可以影响对方与你互动时的热情程度（也会对你如何反馈产生影响），还会关系到对方会向你提出什么样的问题，以及之后有多少对第一印象构成挑战的信息能被他们注意到。经验丰富的面试官知道第一印象的作用，这就是为什么有时需要几位面试官一起参加面

试，而面试环节的提问也是事先写好的。请永远记住一点，无论什么场合，糟糕的第一印象都很难被纠正，不管面试还是第一次约会，抑或是与一位朋友的会面。

镜映与自我形象

我们知道，给人留下一个好的第一印象非常重要。但是怎么才能给人留下一个好的第一印象呢？

每个人都有多面性，和朋友、同事、亲密的家庭成员以及擦身而过的陌生人相处时都会呈现不同的一面。这是完全正常的，如果和任何人相处时都是同一个样子，那确实是挺奇怪的。但是，我们也会选择性地给别人呈现一些自己想投射的自我形象。在现代社会，这种做法很正常。在一些视频博客以及其他社交媒体上，形象投射已经成了日常生活的常态。

然而，关键在于投射"对的"形象。在这一方面，媒体人训练有素，那些职业的视频博主也深谙此道。其他人可能觉得这件事情有点复杂，部分原因在于传达"对的"形象意味着你要知道在特定的情境中什么是"对的"，以及在那些你想要投射到的对象眼中什么是"对的"。你或许认为，哥特式装扮完全是可以接受的个人生活选择和自我形象呈现，如果你打扮成这个样子去参加一场艺术课程的面试，大家是可以接受的。但是，如果你应聘的是一家金融服务机构的培训生岗位，极端的哥特式装扮可能让你在开口介绍自己之前就失去了竞争资格，因为你的装扮挑战了面试官对该职位合适人选穿着的预设。

对于穿着，每个人都有自己的喜好，也能感觉到自己穿什么最舒适、惬意。我们通常选择的服饰穿戴是自我概念的重要组成部分，以至于另一种风格的穿戴会让我们觉得丢掉了"真正的自我"。但是，如果对方和我们是第一次见面，他们对我们的第一印象一定是源于我们的外表。因此，穿戴很重要。把自己打扮成哥特式风格的求职者也许和别人一样具有胜任力和专业性，但是要参加一场面试，如果他们知道人们的刻板印象是如何发挥作用的，他们也许会在穿戴上选择折中的方案：既穿着黑色的衣服，以及保留哥特式妆容的某些风格，同时又弱化哥特式风格其他的代表性元素。这么做的目的在于，无论面试官的刻板印象或信念是什么，这样的外表都会投射给面试官一个既有能力又可靠的形象。

身体语言是形象投射的另一面，也是我们如何感知和理解他人的重要部分。然而，身体语言不一定是意识活动。在人类使用身体语言的过程中，意识在其中参与最少的就是**镜映**（mirroring）。当我们认真倾听某人的谈话时或在私人交流的情境中，我们经常无意识地模仿他人的姿势或表情。这是共情的信号，标志着我们和被倾听者情绪情感反应协调一致，并且理解他们在说什么。我们无意识地做出这些反应，另一方也是无意识地接受我们的反应，这对双方的交流互动产生了重要的影响。

> **镜映：** 在与他人的交流过程中，我们会无意识地模仿对方的姿势或表情。

可以赢得尊重的着装

制服比一套职业装包含更多的寓意，它直接影响我们和他人的相处方式，以及我们如何看待自己。一项对加纳护士专业在校生的研究显示，学生们对于制服的看法体现了专业的穿着打扮所具有的重要支持作用，特别是当需要向他人展示一种富有学识、值得信赖的形象时。

"当穿着护士服的时候，我看起来是多么整洁得体。"
"我的家人很喜欢我穿着护士服的样子。"
"护士服可以让患者相信我知道自己职业的意义。"
"当穿着护士服时，患者会更加尊重我、信任我。"

穿着制服表达了一系列的社会意义，这些意义不仅体现在那些与制服穿戴者有社交互动的人们身上，对穿戴者也会产生重要的影响。

当个体呈现高水平的社交焦虑时，他们会严格掌控自己的姿势、表情，但常常不能如其（无意识）预期的那样镜映别人的姿势、表情。因此，他们投射给别人的形象是相当的冷漠和拘谨。这就导致有社交焦虑的个体难以与他人相处，也难以降低个体自身的社交焦虑水平。研究显示，有意识地尝试适当镜映对降低社交焦虑是有帮助的。另外，过多的镜映也不总是件好事。一项研究显示，在工作面试中，应聘者所表现出来的过多镜映，会给别人留下不可信赖、没有说服力及（或）操控性强的印象。仔细想一想，你或许不会对这样的结论感到奇怪：镜映是共情的标志，但是它真的适合出现在工作面试的场合吗？

西方国家的政客们会在形象投射方面接受专门的培训。他们知道该如何表现才能影响公众对自己的看法，而且更为重要的是，这关系到自己在选举期间能否赢得选票。形象投射也不仅仅是外表因素，例如，女性政客会被建议在公共场合使用更为低沉的声音，因为这会让听众认为她们意志坚定、行事果断；如果用尖锐的声音将事情讲出来，常常会被解读为优柔寡断或毫无说服力。政客们同时会训练自己避免使用其他类型的**副语言**（paralanguage），诸如"嗯""呃"等表示迟疑的助词。此外，他们不会用升调作为陈述句的结尾[①]，因为这种方式意味着说话人对表达的内容不确定，表达的目的也是在提出问题，而不是在陈述观点。

副语言： 使用在谈话中的、为语言赋予意义的非言语信息。

---

① 英语中陈述性句式末尾用升调时常表示疑问或不确定。——编者注

以上这一切只是我们想让别人看到自己是什么样子的。如果想让被投射的自我形象保持的时间更长久一点，我们需要它反映自我真实的一面（也许有一点点美化，但不能是假的）。不同的工作展现不同方面的个性：超市收银员需要具备的社交技能不同于实验室技术人员。所以，你想投射自己的哪一个侧面呢？一个活跃的社交达人？有协作精神的团队成员？电子产品的发烧友？安静的思想家？一个可靠的助人者？我们可以选择任何一个或者都选择，还可以有更多的可能性——这是你自己的选择。

自我效能感与挑战

你是一个喜欢尝试新鲜事物的人吗？或者你是那种当事情变得复杂后，就会轻言放弃的人吗？也许你会回答：看情况而定。如果你这么说，很可能你只对了一半。你回答"看情况而定"或许是对的，但是你所认为的"看什么情况"很可能是错的。在你看来，这里所说的"情况"无非是问题的背景或者为之伤透脑筋的问题类型。事实上，真正需要看的情况其实是你自己。

这就和我们的**自我效能**（self-efficacy）信念相关，即我们认为自己能做什么。每个人都有关于自己能做什么、不能做什么、擅长做什么，以及对什么一窍不通的清晰认知。我们也知道，如果可以学习新技能，什么技能是我们可以比别人更容易掌握的。每一个因素加起来，就决定了我们在给定的情境下对于自身能力的定义，并会对我们应对挑战的方式产生重大影响。

自我效能：人们觉得，自己能在多大程度上有效地完成在某项工作中所设定的特定目标。

　　以数学问题举例。总有一个数学老师会告诉你：有些学生就是不能接受失败，即便一开始不能得出结果，他们也会不断地尝试，直到找到解决方案；但是，另一些学生只会尝试一次，如果不管用，他们就放弃了。教师工作的一个重要部分，就是让那些很容易放弃的孩子看到尝试其他解题思路的重要性。坚持解题的学生知道一点：他们相信如果自己不断尝试，就能把题解出来。而容易放弃的学生则看不到继续尝试的意义所在，因为他们认为自己没有能力解决问题，觉得自己就是"做不了"数学题。

　　那些认为自己"做不了"数学题的孩子认为失败只关乎能力：他们觉得自己就是缺乏解答数学题的能力。但是有意思的是，能力在我们考虑的所有因素中其实并不重要。研究显示，数学成绩好的学生并不是一开始就具有极高的数学天分。他们通常是自我效能感高的人，即相信尽管现在他们并不能把题做出来，将来一定可以做到。因此，他们不断尝试，并最终获得了所需的技能。有时，恰恰是那些天生能力强的孩子，在遇到解决不了的难题时会变得消沉、沮丧，最终选择放弃。这就是高或**低自我效能感**（high or low self-efficacy beliefs）所起的不同作用。

> **低自我效能感：**一种将个人成就归因为固定的能力或智力而非个人努力的思维倾向。

思维模式

在心理学家阿尔伯特·班杜拉（Albert Bandura）创立自我效能理论之后，心理学家卡罗尔·德韦克（Carol Dweck）与他紧密合作，继续探索如何将这一理论运用到生活的不同领域。

德韦克发现，引领人们走向成功的并非个人的智力、教育背景或者天赋这些因素，真正能让人们达成人生目标的是他们如何面对生活的挑战。

德韦克创造出"思维模式"一词，并且指出正是人们的思维模式决定了生活的走向。有些人拥有固定型思维，认为自己的智力或能力是上天的安排，与生俱来且没有改变的空间。这也就意味着他们倾向于回避挑战，认为自己的能力不足以应对困难。当困难来临时，他们会很容易放弃，并且无视可能有用的负面反馈。有时，这种思维模式会让他们觉得受到威胁，而威胁者正是那些他们认为比自己更有天赋的人。另一些人则拥有成长型思维，他们认为智力或能力是可以提高的。因此，这些人更可能拥抱挑战，即使遭遇困境也决不放弃，从批评中吸取教训，从别人那里学习经验。更为重要的是，德韦克及其他一些研究者发现，人们可以通过适当的训练和个人经历改变自己的思维模式。

自我效能感同样适用于真实的生活情境。比如，很多人会想亲手完成一些家庭工程，这时他们往往会发现，这些项目需要一些新的未曾预料的技能。有些人在意识到问题的那一刻就会选择放弃，转向专业人士寻求帮助，或者他们会直面朋友或亲人的恼怒，半途而废，不管不顾那些未完成的工程。此时，自我效能感高的人更可能选择认真地学习新技能。他们也许会向认识的人请教，也许在互联网上找教程或课程自学。但是，最重要的是，他们会用自己的方式攻坚克难，完成应该完成的事情。

或许你一开始觉得自己做不了这件事，但如果你是一个自我效能感足够高的人，就会在必要时自己学着做到这件事。相反，如果你是个自我效能感低的人，就不会意识到自己具备完成任务的能力，之后也会放弃努力。自我效能感与自信并不相同，比如，你或许会在实际操作技能方面自我效能感高，而在涉及文书报告或行政事务方面自我效能感低。不过，自我效能感与自信都认为自己的能力并不固定，且都相信凭借正确的方式，自己可以学到技能或者完成任务。

归因与公平

在《神秘博士》(*Doctor Who*)[①]的某一集中，当博士的塔迪斯被一个邪恶的外星人强行塞进了人类的身体后，塔迪斯首先观察到的现象之一就是："所有人都是这样的吗？里面要比外面大这么多？"具有讽刺意味的是，"里面要比外面大得多"也是每一个访客进入正常状态下的塔迪斯时必然会说的一句话。但是，塔迪斯的说法完全正确——所有人的内部要比外部大很多。别人（即便是那些非常了解我们的人）所看到的我们只涵盖了我们整体面貌的一小部分，而没有涉及我们"内在"所有的想法、意见、知识和观点。

我们都知道这一点，但是我们并不总能将这一点推己及人。我们常常基于自己有限的外部视角对人们进行推定，却无法意识到他人行为背后所隐藏的要远远多于呈现在表面的东西。换句话

[①] 这是一部由英国 BBC 出品的科幻电视剧。故事讲述了一位自称"博士"（The Doctor）的时间领主，与被他伪装成 20 世纪 50 年代英国警亭的时间机器塔迪斯［Time And Relative Dimension(s) in Space，TARDIS］搭档，在时间、空间探索悠游、惩恶扬善、拯救文明、帮助弱小的故事。——编者注

说，我们在评定自己和判断他人时，存在相当大的差异。

用英国剧作家艾伦·贝内特（Alan Bennett）的话来说，这只是一个归因（attribution）问题。归因是我们对事件发生所赋予的原因。比如，我们是把事情的发生视为自己行为的结果或是有意的选择，还是由一些无法控制的环境因素导致的。归因的过程关系到我们如何理解他人的行为，有时也关乎我们如何理解整个世界。归因有不同的类型，我们接下来会详细了解。在这里值得思考的问题是，很多事情到底是由内部因素引发的，还是由外部因素导致的？

> **归因：** 一种为"事情为什么会是这个样子"做解释或者赋予原因的思考过程。

内部因素包括人格、想法、观点或特性。例如，我们或许会把难以入睡归因为担忧某事，或者为某个即将到来的事件感到焦虑。这就是内在归因，因为我们认为难以成眠的原因在于自身。另一种情况是，我们认为睡眠问题的出现是由于天空中那一轮过于明亮的满月，或者邻居家太吵闹，又或是室内的温度过高。这些都属于外在归因，原因不再源于我们自身，而是外部世界。

大多数时候，我们将自己的行为归因为外部或情境因素，或他人加之于我们身上的要求。我们在职场上的表现和在家里的处事方式截然不同，而且与在体育赛事或音乐节上的行为方式也有很大差异。这其实非常容易理解：不同的情境有不同的要求，而我们也根据这些不同的要求做出不同的反应。此外，在一些更小的事情上，我们同样会做外在归因。比如，突然摔倒时要看一下我们是被什么绊倒的，是路面不平整，还是一段隆起的树根。如果错过了项目完成的截止日期，我们会说有太多事让我们分心。换句话说，当某件事需要解释时，我们通常会找一个理由，并且经常从身处的环境中寻找这个理由。

但是当评判他人的所作所为时，我们不会使用同一标准。**基本归因偏差**（fundamental attribution error）是思维中最为经典的偏差之一，之所以这样命名这一概念，是因为我们几乎无时无刻不在这么做。我们通常把他人的表现归为内在因素使然。如果我自己剐蹭了汽车，那是因为路中央的障碍物导致我没有足够的空间操控车辆；如果我的朋友瑞克剐蹭了他的车，那就是因为他很笨拙。如果我错过了交稿的截止日期，那是因为有太多事情需要完成；如果我的同事珍妮特错过了交稿的截止日期，要么是她太懒，要么是她的时间管理能力太差。有时，基本归因偏差可以是积极的。比如，如果我为了一项慈善活动而早早起床烤面包，是因为这场慈善活动需要各方贡献自己的力量；如果珍妮特这么做，就是因为她烤面包的技术不错。无论结果如何，我们更倾向于将他人做的事向内归因，把自己做的事向外归因。大多数时候，这种归因方式并不能很好地反映他人的真实情况。

> **基本归因偏差：**一种用情境因素解释自身行为，而用个人气质因素解释他人行为的归因倾向。

　　我们常常会极其不公平地把别人视为愚蠢的、笨拙的，或者能力上不足以胜任的。对于为什么别人会这样做，我们从来没有考虑过其他可能存在的原因。如果我们用对待自己的同一套标准去评判他人，为他人的反应寻找外在的解释因素，我们的日常判断会公平得多。

对生活的控制感与抗逆力

　　内部或外部因素的概念不仅适用于归因，还适用于我们该如何与周围世界建立联系。人类的不断进化，使得我们能够逐步操控环境：拥有对生拇指①之后，用双手改变周围环境就变得更加容易；大脑又赋予了我们学习新技能的强大能力，这都是人类所共享的进化遗产。然而，这也意味着控制感（即引导改变，并且执行改变）成为每个人最基本的诉求。控制感确实很重要。有研究显示，当人们在工作中受到噪声的滋扰，如果他们感觉可以让噪声停下来，就更能忍耐噪声。相反，如果人们认为自己不能控制噪声，那么噪声就会让他们感受到更多的压力，也更有可能对正在进行的工作造成影响。

　　每个人都与别人不同，而且面对的机会也不一样，某些人的生活总是比旁人包含更多的压力。但是每个人应对压力的方式是不同的，此外，人们是否觉得自己能对压力事件做出改变或者

---

① 对生拇指（opposable thumb）是人类在构造上有别于其他动物的一种遗传发展，即人类的拇指可以处于其他手指对面的位置。对生拇指是精细动作发展的基础，是人类特有的。——编者注

控制其影响，也是因人而异的。有些人属于所谓的**控制点倾向**（locus of control）中的外控倾向，即他们认为自己并不能掌控自己的生活。简而言之，他们会很容易感到无助，我们会在下文介绍这一倾向所引发的后果。

> **控制点倾向：** 人们持有的一种信念，即相信自己能够对所发生的事情施加影响（内因），或者认为事情由外部因素引起，并不受自己的掌控。

然而，另外一些人则为内控倾向。他们信奉的理念是"如果生活给了你许多酸涩的柠檬，就用它们制作出酸甜可口的柠檬饮料"，这些人总是能在逆境中活出自我。他们知道自己不能改变一切，但是他们会因势利导，找到使境遇好转的方式。他们通常相信，自己能够掌控人生，即使不能事事完美，自己的努力总能带来改变。

因此，一个人的控制点倾向，会对他应对逆境的行为态度产生非常大的影响。就如同我们在前文中讲的自我效能感一样，相信自己能做某事意味着你会努力尝试完成这个目标，这也更可能让你获得成功。内外控倾向与自我效能相似，但前者通常是指应对生活的整体方式，并不专注于特定的技能或能力。

善意还是恶意

在我们看来，一个人能否控制自己的行为，会对我们给予他什么样的行为回馈产生重要影响。在一项研究中，心理学家把研究地点设在一家老年人日托中心，想要在那里考察看护者对由被看护者发起的挑衅行为的归因。他们发现挑衅行为越外露（譬如，如果该挑衅行为包含对工作人员身体或者言语的攻击），看护者越会认为，被看护者可以掌控该行为，且行为本身具有敌意，此时看护者会更倾向于避而远之。然而，当他们认为被看护者的行为不可控，且不包含特别负面的情绪时，看护者则更愿意提供帮助。行为归因的性质直接影响看护者对该种行为做出何种反馈。

内外控倾向也与我们的内在或外在归因相关，尽管二者并不完全相同。内在归因经常是可控的，尽管并不必然如此。想一想"我考砸了是因为数学能力差"这个说法，这是一个内在归因，但它并不可控。再想想"我考砸了是因为我不够努力"，这个说法看起来与前面那个一样，都属于内在归因，但这一次就是我们所说的可控归因（controllable attribution），即认为境遇是可以通过我们的行为促进改变的，但是前一说法中的"数学能力差"是一种个体特征，因此我们（可能）找不到什么改变的方式。

由此，尽管内在归因通常意味着我们把事情视为可控，但也并非总是如此。

可控归因：把引发一次经历或造成一个事件的原因视为个体能够加以影响或者改变的。

可控性非常重要，因为如果我们把自己看作掌控者，就能更好地处理几乎所有事情，至少在一定程度上是这样的。失控感是主要的压力来源。当我们感到自己能够掌控事件发展的方向时，就会更为放松和自信。心理学研究显示，即便是对压力源的虚假掌控，即掌控本身并不起作用，但是个体却相信这种作用的存在，这也可以降低人们的生理压力水平。控制感很重要，即使这种控制并不真正存在。

维持（或者获得）内控倾向非常困难，特别是当生活真正打败你的时候。人们在刚摆脱物质成瘾正处于恢复期，或流离失所后正在重新寻找归宿，或刚刚经历了生活创伤事件的时候，此时重拾对生活的掌控是他们面临的最大挑战。因此，尽管援助之手非常重要，有时也是深陷痛苦中的人们在短期内所强烈渴求的，但从长远来看，持续恒久的改变只有在人们努力地重新掌控生活之后才会到来。这并不意味着援助之手不起作用。当你阅读个人传记时会发现，那些把自己从困境中拯救出来的故事，总少不了来自他人的一个善意的行为或帮助，而恰恰是这样的帮助要么给了他们振奋起来的力量，要么在他们做足前行的准备前提供了必不可少的支持。但毫无疑问，真正让改变发生的是他们自己重新掌舵人生的努力。

用正向思维战胜无助感

回想一下那些糟糕的岁月（大多数是在第二次世界大战之前，以及 20 世纪六七十年代），心理学家们常常会做一些动物实验。很多实验毫无意义，但也有一小部分实验确实提供了一些真知灼见，其中之一就是发现了被我们称为**习得性无助**（learned helplessness）的心理现象。这种现象的发现起源于狗为了逃避电击，从而会学习执行某些特定的动作。这也没什么好惊讶的。之后研究者调整了实验条件，即无论狗执行什么动作，电击都不会被撤除，研究者发现在这种情况下，狗会干脆放弃学习执行某些特定的动作。它们变得消极被动，只是单纯地忍受电击。这种反应也不会令人感到奇怪。但是，更为重要的是，当实验重新设置回一开始的实验条件，即狗能再次通过执行特定的动作逃避电击，但它们此时的反应依然是消极被动的，并不会尝试去改变自己的行为，也不会意识到自己实际上可以通过做些什么逃避电击。它们所展现的特性即今天我们所熟知的习得性无助。

不久之后，心理学家发现了习得性无助与人类抑郁症之间存在惊人的相似性。当人们在遭遇持续性的严酷生活困境之后，就会陷入严重的抑郁情绪之中。这被称为反应性抑郁症，它会使人们变得消极，放弃寻找自助的途径，这些人通常无法看到那些可以用来改变自身境况的途径。当困难来临时，一些人会抵受着艰难处境的考验，把困难视为挑战，积极寻求应对挫折的方式，而那些深受反应性抑郁症搅扰的人则不会采取任何行动，他们认为做这些都是没有意义的，因为他们不相信这些方式对改善他们的境遇能有什么帮助。

> **习得性无助：** 即使行动可以帮助个体摆脱消极负面的情境，个体也无法采取相应的行动。

当心理学家进一步研究这一现象时，他们发现，患有严重抑郁症的人在归因方式上会呈现一些典型的特征模式。这类人更倾向于表现出外在、不可控、广泛性的以及稳定的归因风格。正如我们在前文中提到的，内在归因或外在归因取决于我们所认为的事件原因是来自我们自身，还是来自情境因素。而本章第 5 节提及的可控或不可控的归因维度，是指个体能否对事件原因施加影响。特定性的或广泛性的归因方式则是指，我们所认知的事件原因是仅仅作用于特定的情境，还是可能作用于更为广泛的领域，适用于其他的很多事情；而不稳定或稳定的归因则关系到事件发生的原因被认为是暂时性的，还是可能在未来持续存在。

对于那些饱受反应性抑郁症困扰的人来说，他们的理解是，事件的发生是由外部因素造成的。他们并不能为之做些什么，这些因素适用于所有情境，而不仅仅是此时这个特定的场合，并且在将来也不会有什么改变。这样的归因模式被称为**抑郁性归因风格**（depressive attributional style），它导致习得性无助的出现，即个人倾向于认为自己什么都做不了，自己不可能走出困境。秉持这种归因风格的人觉得自己能做的一切都不管用，任何尝试都没有意义，不如干脆什么都不做。

> **抑郁性归因风格：** 在罹患抑郁症的人群中经常存在的一种思维模式，该思维模式会把消极负面的个人经历视为持久、广泛且不可控的。

不受控的婴儿

在家庭咨询和分析中，分析归因风格尤为重要。譬如，在一项研究中，心理学家就尝试运用归因分析的方法来分析年轻母亲。这些母亲的问题在于，她们在和自己孩子相处的过程中持续体验到情绪困境，并且被怀疑对婴儿有攻击行为。研究者分析了这些母亲与自己孩子交流的方式，并且将其与一些在录像中呈现相似交流模式的母亲进行对比。录像中的母亲大多会从孩子那里承受了与这些年轻母亲相似程度的压力，比如，录像中母亲的孩子大多都患有严重的残疾或身体疾病。研究者在两组母亲的对比中发现了归因上的显著差异。被怀疑对孩子有攻击行为的年轻母亲普遍认为自己的孩子不受控，她们的挫败感来源于她们觉得自己对此什么也做不了。这些信息对家庭咨询师来说很有帮助，因为咨询师可以据此向这些妈妈传授一些影响和改变孩子行为的方法，从而帮助她们改善自己的情绪体验。当年轻母亲看到自己确实可以改变孩子的行为了，她们就能放松下来，享受和孩子相处的时间，而不是一味地在这种相处中煎熬。

习得性无助不是永久不变的，它可以被质疑与被改变，而心理学家对于抑郁性归因风格的理解和识别为心理咨询师提供了非常重要的工作视角。首次提出习得性无助的心理学家马丁·塞利格曼（Martin Seligman）又提出了习得性无助的对立概念——习得性乐观主义，即我们通过采取更为积极的归因方式来学习，从而变得更加乐观。

这种理念已经成为心理咨询领域的基本范式。比如，认知疗法就是帮助人们学习如何用更为积极的方式思考——鼓励人们把不可控、稳定的归因方式转换成可控的归因，并能以更开放的态度迎接改变。认知行为疗法则是帮助人们在学习改变行为的同时，也学习改变归因风格，从而形成使自身受益的持久行为习惯和归因惯性。家庭咨询师则使用归因分析的方式识别家庭内成员之间存在的伤害性或自毁性的互动模式是从何而来的。我们听过很多关于正向思维的说法，而积极归因就是正向思维的核心。

用结果评判的误差

　　我们如何认定该不该将一场事故责任归因到某个人的头上？
在需要归责或归罪的场合，我们总是很难做到合情合理，以至于
评判也常常不够公正。大量证据可以证明这种现象的存在，譬如
外貌因素可以影响我们对他人的判断。研究显示，外貌不具有太
大吸引力的孩子，相比那些外貌有吸引力的孩子，更可能因为做
错事而受到责罚。孩子们也意识到这一点，大多数学校里都至少
有这么一名学生，他好像能逃开所有的责任，而这名学生往往既
有魅力又长相出众。这名学生通常也很清楚这一点，并且能够利
用自己的魅力。

　　此外，也有一些研究显示，与外貌没有吸引力的人相比，陪
审团对外貌有吸引力的人给予更为积极的评价。这不公平，但非
常常见，几乎每一个出庭的人，无论出于何种原因需要出庭，都
会煞费苦心地将自己尽可能打扮得看起来既干净又聪明。

　　当我们做判断时，会依赖一套高度发达的社会知识系统，其
中包括：个人经验，对他人行为做出的归因，在特定情境中指
导我们应该如何行事的日常社会脚本，以及认知图式或者可称

为架构个人知识和经验的方式。正如在本章第 4 节中大家所看到的，在事故发生时，我们更有可能抱怨他人，而不是责怪自己。基本的归因偏差就是将自己的行为归为**情境原因**（situational cause），而将他人的行为归为个性气质原因。这不仅仅涉及我们认为他人是什么样的，也关乎如何评价他人的意图——在我们看来他人的行为是否经过深思熟虑。

> **情境原因：**使特定的行动或行为难以避免的情境或者环境限制因素。

假设一个花瓶被打碎了，当时只有萨莉在家。那么问题来了，即萨莉是否对花瓶的破损负有责任。此时我们要考虑她的意图，她是否在打扫灰尘，或者她是不是把花瓶放在了桌子的边缘，从而导致了事故的发生，诸如此类。我们甚至可能会琢磨，是不是她蓄意打碎了花瓶，以此报复妹妹，因为那个花瓶是妹妹的钟爱之物。我们很可能会根据萨莉的意图来评断她对此事的责任，即打碎花瓶是否经过深思熟虑后采取的行为，而不是根据实际情况来认定她是否需要对此事负责。如果花瓶不是被故意打碎的，我们会把它视为意外事故，并不会真正地认定萨莉对此事负有责任。

这是一个很普通的例子。然而，在我们看来，某事是否应该归责或归罪某人还取决于其他因素，最主要的因素之一就是事件的结果如何。在萨莉的事件里，结果是花瓶碎了，仅此而已。但如果是有人受伤，甚至是死亡的事件，那么我们就会做出非常不同的评判，这被称作**结果偏差**（outcome bias）。

> **结果偏差：**人们根据决策做出后引发的后果，来判定该决
> 策的好坏。

比如，大多数的交通事故是可以预见：事故是由人们开车
速度过快或者疲劳驾驶，或者开车时不够专注导致的。如果事故
仅仅是车辆剐蹭或临时陷进水沟，我们往往会倾向于为出事故的
驾驶员找个借口——他们可能开得太久了，要不就是他们被事先
想不到的噪声干扰了，或诸如此类的说辞。我们一定不会认为他
们有很大的罪过。然而，如果事故中有人受伤住院或因为事故身
亡了，那么驾驶员不仅要为事故负责，而且要承担犯罪的后果。
此时，我们会认为事故应该是很容易被预测到的，而驾驶员却没
能避免事故的发生，就绝对是驾驶员的过错。在这种情况下，事
故的结果就直接对我们评定驾驶员是否有罪产生了影响。

糟糕的医学

对临床实践来说，结果偏差是一直都存在的麻烦。我们可能
事先就知道，每一台医学手术都会存在一些风险。但是如果手术
真的失败了，我们就会认为，与手术相关的医生一定要对手术结
果负全责，即使手术结果与他们的手术操作表现没有任何关系。
尽管我们在理智上接受临床实践不可能万无一失的说法，但是仍
然会归咎于医生本人，就好像真的是他们的错或者至少他们似乎

应该对此负责，即使结果并不能被事先预料到。这就是为什么医生及临床专业人士会尽可能详尽、周全地将与治疗相关的风险告知患者及其家属，也常常需要采取在旁人看来没什么必要的复杂的预防措施。

3

心理状态

我们已知的思考方式是极其复杂的。思考不单单是为问题找出解决途径，还包含经过长期的脑力劳动后，突然而至的灵感；包含计划中的行动、习得技能的使用；甚至包含那些在自己看来不曾主动思考的时刻，就像做"白日梦"。

　　很多思考过程并不是有意识的。大脑可以在无意识中思考问题或在不知不觉间巩固学到的技能。富有创造力的人往往不去想他正在做什么：他只是遵循"灵感"的指引，在高超的专业技艺的帮助下完成使命。逻辑与推理，和计划与目标一样，都属于思考过程的一部分。我们在多大程度上能实现这些目标与计划，取决于它们贴近现实的程度，以及我们的行为习惯和情绪情感带来的影响。

"白日梦"与心流

一提到思考，我们通常会想到专注投入和机灵警觉的状态。但很多时候，思考并不是这种状态。人们并不会把所有时间都花在自己所专注的问题上，也不会时时刻刻都保持警惕。我们会做"白日梦"，会沉浸在一部电影或一本书的情节里，或者只是让思绪在脑海中任意飘荡。你时不时地会觉得自己仿佛什么都没有想——任由自己的思绪自由驰骋。即便在这些静谧的时刻，仍有一大堆想法会在脑海里盘旋——我们仍然在思考，并不像这些安静的时光那样从容。

就拿这些"白日梦"举例好了。当我们是孩子的时候，就被教导不要胡思乱想。这种教导有时是对的，因为在某些场合做"白日梦"确实不合适。事实上，花一点儿时间去胡思乱想已经被证实对心理健康是有益的。这可以让大脑放松，把我们从时刻保持警惕和观察一切的压力中解脱出来。思维状态对于心理健康很重要，它可以帮助我们释放压力、保持创造性，并能帮助我们攻克难关。

当我们做"白日梦"或身处类似的平静状态时，大脑会进入不同的运作模式。你可以在**脑电图**（electroencephalogram，EEG）上清晰地看到这些变化——脑电波是对你大脑活动的一种记录。正常状态下的思维活动，是当我们知道自己在做什么，但并没有特别关注某件事情时，脑电波在大脑活动的总体水平上会呈现非常小的振荡。但是当我们做"白日梦"或处于其他形式的思维放松状态时，脑电波的振荡幅度则开始增加，就好像大脑开始自由漫步。这些大幅度振荡的脑电波被称为阿尔法波。

> **脑电图：** 通过在头皮上放置记录电极而获得对脑电活动的一般记录。

有意思的是，我们可以学着控制阿尔法波。你也许在一些科学中心见过一些实验展示，一个人把一个罩子扣在头上，然后尝试用思维的力量去移动屏幕上的一个物体——也许是改变球体的转动方向，或者移动鼠标的位置。此时成功的秘诀在于避免过于用力，尽量保持放松。实验设备可以在大脑生成阿尔法波的时候接收到它们：如果你过于兴奋，就无法完成任务；如果你足够放松，并且控制自己的想法，那么，你将会展示出惊人的"意念力"！

当我们真正将注意力聚焦在某件事情上时，不同的模式又出现了。于是，脑电波呈现一系列非常紧凑的振荡，这些紧凑的振荡可以归入更大的组别或波形之中，它被称为 θ 波。每个人都时不时地需要集中注意力，但是持续而极端的专注有时会产生一种沉浸感，这被称为心流（flow）。它是一种独特的类似上瘾的心理状态。心流的脑电图模式与人们非常专注于某事时的脑电图一样，但心流让人轻松愉悦得多，就好像大脑非常适应这种专注的模式，可以毫不费力地做到这一点。

> **心流：** 因为高度的专注与沉迷于体育运动、艺术创作或正在做的工作，从而获得的一种身心愉悦的状态。

这三种思维方式或心理活动状态（正常的、"白日梦"似的、专注的）都非常普遍，有意思的是，它们所涉及的脑电波模式却完全不同。如今，我们可以识别大脑中哪个特定的区域参与了特定类型的思考。比如我们知道了大脑中的哪个区域负责决策和计划，并能推测出当人们做出泡一杯茶的决定时会涉及哪些神经通路。但是思维作为一个整体，不仅包含独特的人格特征，还与个人经历、经济能力和社会经验等紧密相连。因此，我们很难预测哪些脑细胞参与了搬家的决定，但是确实能通过电子设备判断得出，人们现在是放松的还是专注的，抑或是正处于一般的意识状态。

你进入状态了吗

有些人觉得专注是一件很困难的事情，但对另一些人来说，专注可以是一种令人深感满足的精神状态。对后者而言，他们进入了心流，也就是完全沉浸在自己所做的事情里。他们对自己专注的事情如此投入，以至于任何其他事情都变得不再重要。运动员经常把这种感受描述成"进入状态"：此时，他们极度专注，并且往往能收获自己的最佳成绩。作家、学者等人则可以通过脑力活动获得心流，但是该理论的创始人，米哈里·契克森米哈赖（Mihaly Csikszentmihalyi）则认为，心流是几乎所有人在某个时刻都会体验到的状态。他还指出，在这一状态中的人们是最快乐的——这是一种包含了参与感、技能或效能感，以及成就感在内的复合感受，令人十分愉悦，且让人感到自己的付出非常值得。

灵感与顿悟

有时，灵感仿佛没来由地就钻进我们的脑子里。我们的思绪也许正专注于某个特定的问题，然后突然间，一个全新的思路占据了脑海。这个思路或许是之前考虑过的，但后来我们把它忘了，抑或是解决长期存在问题的一个新途径或新方法。灵感的出现是因为思维和意识并不总是相伴相生。我们的大脑极其复杂，有很多事情其实发生在意识层面之下。

通常，这种现象被称为**尤里卡效应（Eureka effect）**，它源自古希腊哲学家阿基米德（Archimedes）的一个传说：当阿基米德正悠闲地坐在自家澡盆里泡澡时，突然想到了一直困扰他的一个问题的解决方法。据说，他当时从澡盆里跳了出来，高喊着"尤里卡！"（我知道了！）这一桥段，有时又被称为"啊哈"体验，经常发生在我们周围。比如，你也许会在突然找到填字游戏的线索时，在发现了一道难题的答案时，抑或在脑子里冒出了一个营销自己作品的好主意时。

尤里卡效应有四个明显的特征：第一，它出现得特别突然，仿佛出其不意地冒了出来；第二，它会给我们一个顺畅简便的解决方法；第三，它会让我们自我感觉良好——瞬间的满足感充溢全身；第四，相伴而来的确定感。当经历"啊哈！"体验时，我们确定自己找到的解决途径一定是正确的。

> **尤里卡效应：** 人们在突然想到问题的解决方案时常有的个人体验。

有时候，**顿悟**（insight）时刻来的相当模糊。19世纪的化学家奥古斯特·凯库勒（August Kekulé）总是强调他之所以能够解析谜一样的苯的分子结构，是因为他做了一个蛇咬住自己尾巴的梦。当他醒来后，凯库勒意识到如果将苯的分子结构排成一个环形，那么那些令人费解的数据信息就会迎刃而解。这是一个很有戏剧性的例子，但是很多人都会发现，如果"在睡觉的时候也想着某个正在处理的问题"，那么这个问题解决起来经常就会变得容易。换句话说，如果停止在意识层面的思考，潜意识就会参与思考过程。于是，一早起来，事情经常向好的方向发展了！

> **顿悟：** 人们对问题或情境的核心要素的领会。

顿悟或突然的直觉并不包含有意识的思考过程。顿悟的发生是由于思维触及了长久以来被隐藏的记忆和潜意识层面的知识。我们在那里埋藏了越多的知识与技能，越有可能获得顿悟体验。填字游戏的老手就是比没怎么玩过的人更容易经历尤里卡时刻，因为他们有更多的既往经历可以利用。而且，正如我们所看到的，尤里卡时刻是非常美妙的，这也是人们选择玩填字游戏的主要原因。

我们的"表亲"类人猿

人类不是唯一会拥有顿悟体验的物种。早在 1917 年，格式塔心理学家沃尔夫冈·科勒（Wolfgang Köhler）进行了一系列有关学习的实验，实验对象是一小群黑猩猩。

有一次，他把一只香蕉挂在了高高的笼子顶上——香蕉被挂得很高，以至于名叫苏丹的黑猩猩根本无法够到它。苏丹徒劳地跳了几下，发现没用之后，退到了笼子的一角闷闷不乐。过了一会儿，突然，它一跃而起，开始收集散落在笼子四处的箱子，它把这些箱子堆起来，以便自己可以站上去够到香蕉。

科勒把苏丹的表现视为尤里卡效应的力证——黑猩猩突然想到了解决方案，于是立即依照这一方案采取行动。

创造力的产生过程

每个人都在某个时刻体验过顿悟。但是某些人好像具有大多数人无法触及的领悟能力和意识领域。他们成了出类拔萃的艺术家、音乐家、诗人、作家，以及其他领域的杰出人物。他们能够创作出非凡、具有深刻见解的惊人杰作，也能够自由发挥想象力，创造出大多数人无法企及的传奇，这些人在我们看来具有不同寻常的创造力。

创造力仿佛是一种具有魔力的未知特质。这也是艺术家们有时带给我们的感觉。然而，关于创造性过程的研究提供了另外一种视角。这一视角并未损害这些富有创造力的人们的特殊性，而且帮助我们了解他们是如何做到如此不同寻常的。

显然，探究在工作中的创造性过程是比较困难的。对于创造性大小的测量也有过许多不同的尝试——尝试用各种方法去识别那些有独特想法的人们。这些努力取得了一定的成效，比如，有些方法可以帮助人们找到那些拥有创新思路的人，有些方法甚至可以训练人们如何在思路拓展上做得更好。

区别在哪儿

具有高度创造力的人们在各自的领域都表现出高超的专业技艺，他们的技艺水平堪比其他类型的专家，无论音乐家、数学家、科学家还是专业棋手，都具有令人惊叹的专业水准。曾有数项研究把"是什么造成了专家与新手之间的差异"作为课题进行分析，研究结论中列出了二者之间的五项基本差异。

- 专家能更好地记住与自己领域相关的信息。他们所拥有的更高水平的专业知识为他们提供了更为丰富的心理线索，从而更有利于"整合"新信息，也更方便提取信息。
- 专家有不同的问题解决途径。他们可以利用新手不曾知晓，或新手未曾意识到的与待解决问题有关的方式或技术解决问题。
- 专家可以用不同的方式理解问题。新手更倾向于关注问题的要素，而专家更能从整体上看待问题，从而识别问题的一般模式，并将此问题和他们遇到过的类似问题建立联系。
- 专家知道的比新手多。
- 专家拥有更多的经验，这令他们能实践知识，锻炼技能，并且将这些知识和技能应用于更广泛的领域。

有些创造性过程，诸如头脑风暴或者侧向思维，已经成了日常语言的一部分。

尽管我们努力地测量创造力，但我们能测量的，与我们理解的存在于精力充沛的艺术家、音乐作曲家或科学家身上的创造力之间存在相当大的距离。通过对真正具有创造力的人们进行采访和传记研究，我们发现，在他们的创造性过程中确实存在一定的模式。这些人的共同之处在于，他们会花费很多年去锤炼技能，技能最后都会发展到一种炉火纯青的程度，以至于绘制草图、画画、写作、做数学运算或者演奏乐器成了他们的第二天性。正如所有音乐家深知的，练习是真正获得专业技能的关键，这同样适用于其他有创造性追求的活动。

背景就是如此。但是，当涉及创作一件艺术品或其他需要具有创作天赋的作品时，相关的研究表明，除了获取技能，创造力还包含两个不同的阶段。一个阶段是潜意识的**酝酿期**（incubation），在此期间好像什么都不会发生，人们不会有任何关于创作本身的有意识的思考。酝酿期的结束是由于突然的灵感迸发，此时创造性主体开始了一系列的创造性活动，诸如绘画、谱曲、创作诗歌，或者创作任何他们曾经在潜意识中进行的活动。这种突然迸发的灵感是一种顿悟，是一种非常特殊的顿悟形式。创造性主体经常形容自己像是"被驱使着"去表达自己的所思所想。

> **酝酿期：**一种无意识的认知过程。在此过程中，当事人所进行的项目中的诸多问题都得到了解决，然而，他自身却对自己在此过程中所投入的脑力劳动毫无察觉。

酝酿期与灵感迸发是创造活动的两个不同阶段，我们通常认为这两个阶段是创造力的两个必不可少的要素。但是，有证据表明，创造力也紧紧依赖于创作者在创作媒介中所展现的高超的**专业技能**（expertise）。有创造力的艺术家也是技术达人：他们对自己所在行业的工具相当熟悉，以至于根本无须思考该怎么用工具去表达自己想要的效果。他们有了想法，就能马上实现它。正是这种高水平的技艺把他们和那些新手或天赋不足的人区分开来。

> **专业技能：**一种高水平的能力状态，此状态既包含渊博的知识、超凡的能力，又无须有意识的思考或努力。

大多数人，甚至包括一些极具天赋的人，或许永远无法拥有像天才艺术家雷诺阿、音乐家贝多芬、作家莎士比亚或科学家爱因斯坦具备的那一类型的创造力。我们对此也从未期望过。创造力也被分为许多层次。尽管社会上已经有了那些被人尊敬的、在他们各自的行业里极具创造性的天才，但也需要很多能在自己的兴趣领域里达到不凡创造力的人才——无论是在铁路模型铸造、蛋糕装饰、毛毯制造还是手工编织领域。对这些人而言，也是由于他们的专业基本技艺的不断提高，才能让其想象力得以充分发挥，从而实现自己的梦想。

思考的逻辑与创新

一想到思考，我们会倾向于关注如何找到解决问题的途径。事实上，人们能考虑的远比这要多，甚至人类自身解决问题的能力都足以令人惊奇。我们总是认为思考的过程是理性的和具有逻辑性的，但是人们在解决问题时常常与逻辑性脱节。

当问题存在清晰的边界时，逻辑是有用的，诸如百分数计算或其他的数学运算。但当问题本身涉及人类行为或自然世界时，逻辑就并不一定奏效了。一个实用的例子是，当别人说"如果周日下雨，我就去购物"，此时我们会有何反应。假如周日在商场见到了那个人，我们很可能断定现在下雨了。这听起来挺符合逻辑的，事实并非如此——至少，它不符合**形式逻辑**（formal logic）。因为那个人并没有说如果不下雨他会做些什么，所以按照形式逻辑去思考，天气好的时候他同样可以去购物。

> **形式逻辑：** 严格依据命题或陈述的意义所得出的抽象理解，可以从中进行数学式的逻辑推导。

人们所做出的假定与形式逻辑之间的区别是，我们的假定只考虑人类语言的意义，而不会把语言理解成形式逻辑语句。人类在思考的过程中会使用一系列的认知捷径，有些认知捷径甚至成了思考过程的一部分，这一点在婴儿身上表现得很明确。以因果关系为例，在人类看来，如果一件事紧跟着另一件事发生，我们就会假定前一件事是后一件事发生的原因。在婴儿身上也存在这种假定的倾向。例如，如果婴儿看到物体在移动，并且看到物体从屏幕后面经过，婴儿就会望向物体通常应该再次出现的地方。如果该物体从其他地方冒了出来，婴儿就会花很长时间盯着那个物体，就好像要搞清楚到底发生了什么。成人也是如此，如果某个人接到一个电话，然后即刻起身离开了房间，我们就会假定他离开房间是因为这通电话，尽管这两个行为之间并不一定有什么必然的联系。

这真的是头脑风暴吗

头脑风暴是帮助人们侧向思维的一种方法。如今，它已经成了一个流行语，用于描述任何一个需要群策群力的场合，尽管很多时候大家所使用的并非头脑风暴。真正的头脑风暴需要两个完全不同的阶段。

第一个是不带任何批判的集思广益阶段，此时的"不带任何批判"非常重要。头脑风暴鼓励每个人表达自己所能想到的一切，不论他们提出的想法看起来多么荒谬。所有想法都无一例外地被收集到一起。

到了第二阶段，所收集的建议开始被逐一评估，评估的依据就是建议本身是否切实可行。之所以到第二阶段才会对想法进行评估，是因为人们通常在提出一些自己看来有些傻气的想法时会感到不好意思，也会因为害怕被立刻否定而不把自己的想法说出来。

但有些人的想法乍看之下特立独行，甚至不切实际，最后却成了真正的好主意，因此将头脑风暴的两个阶段区分开来非常重要，这样既能确保考虑周全，也能保证参与者的想法不至于被立即否定。

以上结论可能还算合理，但对于两个在屏幕上自由移动的简单图形，我们也会做出相同的假设：当方形移向圆形后，圆形就移开了，此时人们会觉得是方形图形把圆形图形赶跑了。计算机不会做这样的假设。而人类就有理由这么做——这就是在现实生活中预期会发生的事情。

我们也更有可能去选择自己熟悉的选项。已经有大量的研究证实，熟悉度会对选择产生影响，即使某些选择在旁观者看来已经是明显的错误，当事人却很难被动摇。我们只是容易思考那些自己已经了解的事情。

尽管存在逻辑谬误，或许是由于这些逻辑谬误，人们的思维才呈现非常单一狭隘的倾向。我们通常只会关注问题的一种解决方式，除非发现这种方式完全没用，否则我们会一直坚持用它。但是，当你面对一种新的情境，一些常规的解决方案在此时都不管用的时候，或者你就职于一家广告公司，正在为了推广产品而策划全新的营销方案的时候，你和你的团队就需要有与众不同的思路和想法，即"另辟蹊径"。你必须鼓励侧向思维（lateral thinking）[①]，即不按照垂直的逻辑线进行思考，而是探索不同的可能性与路径，以期获得一些令人惊艳的或者非同寻常的解决途径。

侧向思维：用全新的与众不同的角度去思考问题。

侧向思维由爱德华·德·博诺（Edward de Bono）在 20 世纪 60 年代首次提出。他认为，迅速发展的现代世界不断地抛出新的挑战，而侧向思维是应对这些挑战的最佳方式。从第二次世界大战的阴影中恢复过来之后，西方世界经济呈现空前繁荣，新一代消费者的影响力也越来越大。于是，传统的思考方式在各行各业都受到了挑战，追求新颖独特成为一种趋势。侧向思维则通过抛弃传统局限，悦纳全新视角的方式镜映了当今的社会心态。随着消费社会的持续发展，人们对于创新的需求也持续增长，而侧向思维就像头脑风暴一样，已经成了商业决策的日常组成部分。

---

① 又称"横向思维""水平思考"。

计划的制订与执行

现在和过去可能占据了人们很多的注意力，尽管如此，人们的想法并不只限于现在和过去，也会思考未来。当我们有意愿去做某事的时候，会为了实现这些意愿而制订计划。我们可能会思考自己想做什么，想去哪儿，想买什么，以及想和谁见面，这样的想法几乎涉及生活的方方面面。但是，我们总是能做自己想做的事情吗？

事实证明，并不经常如此。部分原因是人类被赋予了想象力，即想象那些尚未发生的事情的能力。然而，从现实层面看，也许这些事情永远都不会发生。另外，形势变化莫测：我们或许会发现有其他重要的事情要做，或许天气原因导致不能继续执行自己的计划，又或者无法负担做一件事的开支。此外，我们也会改主意：会有其他主张，或者意识到第一印象是错误的，需要用其他的方式看待某事，等等。于是，我们更改了很多计划，抑或是当时机来临时计划本身却变得不切实际。

然而，如果是那些真心想坚持的计划呢？比如，大多数人都会许下新年愿望，在新的一年里，要多运动、健康饮食、少熬夜等诸如此类的想法。很多人会努力在一周内坚持这些计划，但通常到了 1 月 10 日就把它们抛到脑后了。无论愿望多么美好，就是没办法把它们长期坚持下去。

为什么会这样？一大半原因是人们对于自己的期待过高。正如之前的章节讲到的，人们并非总是理性的和稳定的，也常常不能清晰地理解自己处于怎样的状况，以及周遭正在发生什么。有时候，我们会疲倦、愤怒或抑郁，糟糕的情绪让我们不愿意付出额外的努力去坚持自己的计划。或者，我们发现计划本身占用了太多的时间，在本已忙碌的生活之外再坚持计划就变得不太现实。又或者，由于某一天没有完成任务，就感觉计划彻底失败了，再坚持也没有什么必要了。

坚守新年计划的秘诀包含三个方面。秘诀的第一个方面，我们需要确保所设定的目标是**可管理的目标**（manageable goals）。对大多数人来说，每天花两小时锻炼身体，或者从此不再吃巧克力是不现实的。设定容易达到的有限目标，意味着它更容易融入每天的生活，会更实际，也能大大提高坚持计划的可能性。

可管理的目标：在时间、精力和情境因素都允许的情况下，所设定的切实可行且能够达成的计划或目标。

这里介绍秘诀的第二个方面：**习惯**（habits）。当许下新年愿望时，我们真正想做的其实是改变自己的行为。如果想改变得持久，就需要将临时的改变变成一种习惯——在潜意识中自动完成的事情。如果做一件事需要投入巨大的努力，就不能称之为习惯，改变也不会持久。因此，只有当目标让人做起来（相对地）简单直接，任务才能定期完成，最后甚至无须考虑太多就会顺利达成。如果我们制定了可管理的目标，那么每次做任务时新的行为就会变得越来越容易得到实施，到了1月10日，新的行为变成了习惯，也就不需要费什么心力去坚持它了。

> **习惯：** 深深根植于日常生活的一种行为模式，此模式不再由有意识的大脑进行控制，且行为模式的发生无须动机意图或者有意识思考的介入。

秘诀的第三个方面，是要把整件事情视为一个循序渐进的过程，而不是突然发生的转变。诚然，新年计划是你想每天都坚持的事情，坚持的越久越好。但最重要的是结果如何。如果你发现其中某一天自己没有完成任务，你就要让自己像运动员那样去做——振作起来，重新开始。没有必要因为一次失败就放弃一个改变人生的机会，把对自己失望当作不再尝试的理由，最终注定会走向失败。你需要接纳你的失败，因为它已经发生了。你需要做的是，重新集中精力，用最大的努力继续坚持下去。

情绪对思维的影响

当人们非常生气时，说出的话、做出的事往往皆非所愿，我们或许都经历过这样的时刻。人们之所以会有这种表现，并不是由于停止了思维活动，而是因为我们在使用一种与往常完全不同的思维方式。情绪状态会对思维产生相当大的影响。生气或沮丧从很多方面引导认知过程，以至于我们会觉得自己好像变成了另外一个人。

情绪对于思维的作用之一，就是它影响我们与他人互动的方式。人类凭本能就可以辨识他人的情绪。无论哪一种文化，都会呈现八种**基本情绪**（basic emotions）：喜悦、悲伤、厌恶、恐惧、愤怒、害羞、兴奋（或惊讶）及敬畏。每种情绪都包含不同的面部表情和声音语调。尽管我们可以轻易地识别他人的这些情绪，但是经常不知道自己是如何传达情绪的。他人对我们传达的情绪和行为所做出的反应，直接影响我们与他人互动的质量。没有人可以毫无顾忌地和那些对自己愤怒，甚至害怕自己的人自在地交流。

但是，情绪并非只影响人们自己的行为，也会左右人们如何解读他人的话语和行为。当焦虑时，我们会进入一种对挑战相当戒备的情绪状态，这是一种古老的生存机制。因此，这时的我们更倾向于把他人的话语理解成一种潜在的攻击或批评，这是人们在平静状态下不太会有的想法。当愤怒时，我们此时的心理状态会特别着急去寻求愤怒的其他来源。愤怒的情绪"启动了"思维活动，于是易怒的状态影响了人们对新的信息或者想法如何做出反馈。

> **基本情绪：** 每种文化都存在的并且很容易被他人辨识的人类情绪，无论其所处的社会形态是否工业化。

情绪也会对其他方面的思维活动产生影响。它直接左右了我们的记忆和想象空间。大多数拥有稳定的亲密关系的人都会有这样的直接体验：生气时，他们能够想起的都是那些和伴侣吵架的片段；而高兴时，他们想起的又是一些和伴侣共同度过的美妙时光。在一段长期的亲密关系中，我们有那么多的记忆可以提取，但是大脑却自动选取了那些和当下的情绪状态联系最为紧密的记忆片段。这可能会严重扭曲我们要讲的话，以及和他人互动的方式，因为我们忘记了其他片段，也忽略了那些片段的重要性。

情绪的作用不仅限于愤怒一类的极端情绪。一般来说，心境状态会对思维方式产生强大的影响。这似乎是显而易见的，当面对一些相对简单和容易思考的问题时，我们也更容易把问题想得明白，这时尤其能抓住问题的主要矛盾，然后找出解决途径。这种情况往往在平静且放松时发生。丹尼尔·卡尼曼把这种状态称为**认知放松**（cognitive ease），即我们的大多数思考并不特别具有挑战性，而仅需要直接的系统一思维模式。

> **认知放松：**一种放松、满足且有能力感的状态，以至于身在此状态中的人们，常常认为自己的思考过程是直接且毫无困难的。

纾解丧亲之痛

极端的情绪会对思考过程造成困扰，因此来自亲友的支持对身处悲痛中的人们显得尤为重要。刚刚经历了亲密伴侣或者亲人离世的人，经常在一开始会呈现麻木与困惑的状态，这是因为他们的大脑正尝试着消化生命中的这一巨大痛苦，不可能去思考其他事情。此时，邻居与亲友能给予的最好支持就是不要让丧失亲人的人去思考任何事，只让他们处理一些简单、具体且通常不会带来任何麻烦的事情。沏一杯茶、做一餐饭，摆在他的面前，帮忙寻找文件或填写表格，甚至帮忙打扫一下厨房，所有这些简单的行动都会给那些身处悲痛中的人带来莫大的帮助。他们难以接受亲友的逝去，以至于感到自己已经无法思考。慢慢地，他们可以重新掌控自己的生活。没错，这种感受会过去的，但只要他们仍处于这样的状态，一点点帮助都是值得的。

　　但是，当我们愤怒、沮丧或悲伤的时候，即使是一些日常的简单事务都会让我们感到十分困难。不舒适或不开心的状态直接影响了思考过程，它影响我们如何应对日常的挑战，如何解决问题，是否会对困扰自己的问题采取放任不管的态度，以及如何应对考试或测试，等等。简而言之，情绪影响思维。正如所有优秀的老师深知的，当学生的状态是放松且开心的时候，也是思维最清晰的时候，此时他们的学习效果也最好。

4

感知

在这一章中，我们会探讨人是如何对那些通过感觉器官获取的信息进行利用和理解的。对人而言，视觉和听觉是让人与外部世界保持联系的主要感官。感官的作用是相当惊人的，譬如，他人能仅仅通过一个单词就引起我们的注意，或者我们几乎是不假思索地会对特定的声音做出反应。大脑分析视觉信息的过程也同样令人着迷，大脑中特定的区域可以辨识他人的面孔，并且可以通过他人的身体移动认出熟悉的人。人们拥有将视觉图像联系到一起，并且搞懂其意义的先天机制，但是人们仍习惯于将这些信息与已经了解的内容联系起来，从而进一步指导自己的行动。

　　我们所拥有的感官比想象的要丰富得多。最近研究显示，人类至少拥有 32 种感官，其范围从觉察温度的能力（温度觉）到在任意特定时刻对自己身体位置的知觉（本体感觉）。至于我们是否能感知超感官信息（即不通过感觉器官接收信息），则是另外一个问题。

注意力的选择性

　　我们在本书开篇探讨了系统二思维模式，这种思维模式的一个重要特点是，它需要我们聚精会神。系统二思维模式需要占用很多"认知空间"。相比之下，系统一思维模式则自动化得多。心理学家曾经花了一个多世纪的时间去研究注意力，并且至今仍对它的一些特性充满好奇。

　　在这些特性中，令心理学家最感兴趣的就是人一次只能真正关注一件事。我们可以在不同的活动之间快速转换——你可能一边玩（相对简单的）电脑游戏，一边往嘴里塞比萨，同时偶尔抬头看几眼电视里播放的连续剧。但在任何一个时刻，你的注意力只能关注其中一项活动，这时如果屋里有人和你说话，你的注意力就转向了说话的人，也就不再关注刚才的任何一项活动。注意力就像我们意识层面的一个探照灯——当一项活动被照亮，其他活动就都模糊成了背景。

　　但是也不尽然。比如，此时如果有人叫我们的名字，我们的注意力会立即转向叫我们名字的那个人。但如果我们完全沉浸在某件事里，就会忽略周围发生的一切，根本就不应该听到别人叫我们的名字，因此，我们一定是在某个层面上意识到那个吸引注意力的声音。心理学家花了多年的时间潜心研究**选择性注意（selective attention）**模型，这一模型可以帮助人们了解大脑在这方面是如何工作的。这是一个相当复杂的过程，但从本质上讲，大脑中特定的神经细胞可以对个人的某些关键信息做出反应，比如人的名字，激活这些神经细胞似乎优先于与专注当前任务相关的神经过程。

> **选择性注意：** 专注某一特定的信息来源，而非其他。

注意力是大脑活动的强大通道，可以帮助我们屏蔽很多外部刺激。但是，即使我们全神贯注地从事一项任务，还是有可能被突然打断。从生物学意义上讲，我们已经准备好去注意那些突然冒出来的声音与疼痛。这些刺激会引发一系列的**生理反应（physiological responses）**，进而提高人们对相关刺激的接受能力，也要求人们有意识地注意这类刺激的存在。这些生理反应是人类古老的生存机制，就像很多长期饱受疼痛困扰的人会告诉你的，生理反应也很难被忽视。另外，像悲痛或狂怒这样的极端情绪也会对思维带来类似的影响：它们确实干扰了人们关注周围事件的能力。此外，忧虑情绪也会产生同样的效果。所有这些情况，都会使我们那有意识的大脑被各种各样的要求占据，变得越来越难以注意到周围发生了什么——这不是不可能，但会更加困难。

> **生理反应：** 一种复杂的身体反应，其包含不同生理过程的一系列变化。

大脑对信息的计算与整合

我们的大脑很神奇。它可以把各式各样不同类型的信息整合起来，然后得出日常生活中能够用得着的结论。一直和机器人打交道的科研人员就可以告诉你，大脑并不是一件容易复制的东西。

我们以物体的运动为例。大脑会自动将事物关联在一起：如果你想给某人展示屏幕上的一些圆点，并且同时展示所有圆点，人们看到的就是一组圆点。如果你每次只在屏幕上呈现一个圆点，当这个圆点消失之后，挨着它的那个圆点才会出现，人们看到的就不再是一组圆点，而是一个圆点在屏幕上移动。这被称为**似动现象**（phi phenomenon），是研究视觉的心理学家最早观察到的现象之一。更为重要的是，这一现象是整个电影、电视，以及其他视觉娱乐产业得以立足的基石。

> **似动现象：**由快速连续的光点或图像引发的移动错觉。

电影真正呈现给你的是一组静止的图像。只是由于它们以很快的速度连续呈现，大脑才自动将其理解为连续的运动。

你有过大老远地看见一位朋友的经历吗？刚开始除了一个模糊的轮廓，什么也看不出来。但马上你就认出了那个人是谁。这确实了不起。大脑通过非常少量的视觉信号，辨识那个模糊的轮廓是一个人，认出他的大概形状、运动方式，最后把这些信息和关于他的个人信息库联系起来。当然，我们有时会犯错误，结果就是，他并不是我们认为的那个人（这会让人感到难堪），但是对的次数总比错的次数多，而且我们能够做到这一点本身就足以令人惊叹了。

然而，我们是如何得知自己看到的远处的模糊轮廓是一个人呢？神经心理学家戴维·马尔（David Marr）提出了**感知计算**（computational perception）理论，该理论解释了人们是如何运用感官捕捉最基本的信号的（甚至你的眼睛此时可能只把远处的物体视为一些或明或暗的光点），以及是如何把这些信号整合成简单的形状的，比如物体的轮廓。然后，我们利用储存在大脑中的典型轮廓"目录"，开始辨识自己看到的事物到底是什么。

狗或猫的轮廓就与人的轮廓有很大的差异。我们可以把这种轮廓印象与其他的关于距离的信息整合在一起，得出物体的大小。因此，我们可能会错把一只猫看成一只狗，但是绝不会把一只猫认作一个人或一匹马。当我们认出对方是一个人的时候，就没有什么东西的形状可以与人的轮廓混为一谈，此时物体运动的模式也会起作用。所以，大脑能够推测出我们看到的是什么，并且利用已存储的信息得出更为肯定的结论。

感知计算： 大脑对视觉中的轮廓边界进行分析，并且运用心理算法来分析出这些轮廓边界所代表的事物。

你动了吗

我们特别善于认出其他同类。你或许看过这样的展示，漆黑一片的空间中，一些随机的光点分布其中。突然，这些光点开始移动，于是你立刻意识到，这些光点并不是随机分布的。那是人在移动。并且，我们不仅看到了移动，也会立即弄清楚移动的意义，以至于几乎可以画出人体在做的这些动作。

这类展示是由身处黑色背景中的人们穿上黑色紧身衣裤完成的，紧身衣的不同部位还附着了发光源。这类展示对动物同样奏效，我们可以在动物移动时轻易地识别狗、猫，甚至大象。

但是，人们对机器的识别能力会下降，这是因为机器的移动会呈现线性化和规律化，也因为机器并不像动物那样，是人类进化历史中的一部分。因此，我们并不具备识别机器的本能。

当有更近距离的接触时，大脑的特定区域会告诉我们对方是谁，这一特定区域可以侦测人的面部特征——眼睛、鼻子、嘴巴等。研究显示，即使是婴儿，他们也会对由两个圆点、一条弧线和一条直线所拼成的人脸形状露出微笑。如今，各类笑脸符号已经成了表情库的一部分，这意味着我们其实可以从最基本的细节中推测出很多信息。

但是，这并非全部。大脑还有另外两个特定区域可以帮助我们进行面孔识别。其中一个区域会特别对我们在交流中所使用的人脸部分做出反应，如嘴唇、面部表情、注视等。这一区域也参与唇读，并且也和与听力相关的大脑区域有直接联系。这就是为什么戴着口罩讲话会让其他人很难搞清楚你在说什么。

大脑中与面部识别有关的第三个部分被称为梭状回面孔区，是我们在识别对方是谁时所使用的区域。它靠近大脑中的记忆区，同时也和大脑中掌管情绪的区域相邻。这就是为什么在我们认出对方是谁之前，以及了解自己为什么喜欢或者讨厌对方之前，就已经对对方的面孔产生了情绪反应。

大脑识别功能的失灵情况

对我们来说，他人至关重要，以至于识别人脸和肢体动作成了人类大脑的固有属性。那么，如果这种识别属性出了问题，会怎么样呢？正如前一节提到的，大脑的特定区域负责面部识别，并且负责认出我们熟悉的人。这是人拥有的重要技能之一，我们的生活高度依赖与他人的互动，所以这项技能深刻地影响着人们的思维方式。这种深刻性既可以从字面含义进行解读，也带有隐喻意义。隐喻意义在于负责识别属性的大脑区域深埋于**大脑皮层**（cerebral cortex）之下：这部分折叠起来，藏在了大脑主要功能区的正下方。因此，它因为头部受伤或者事故而造成意外损伤的可能性也要小很多。

大脑皮层：大脑的外层部分，人类的大脑皮层具有深浅不一的折痕与沟槽，覆盖了余下几乎所有的大脑组织。

在我家里的人是谁

作为一种大脑疾病，卡普格拉综合征会让患者坚信自己的挚友和家人都已经被陌生人冒名顶替。你可以想象，当患者的亲友和当事人看到患者的表现时会感到多么痛苦，但是他们却很难让患者相信自己所认为的一切都不是真的。

这种脑部障碍似乎是由梭状回面孔区（即大脑中负责面部识别的区域）引起的，这一区域此时不再能和负责处理情绪的大脑区域发生联系。我们对挚友和家人的识别总是伴随着一些情绪反应，这其实是我们会感到与他们亲近的原因之一。而当患有卡普格拉综合征的人只看到亲近之人的客观特征，而不带有任何情绪反应和情感联结时，自然会让其感到对方并不是自己熟悉的人。

然而，这些大脑区域仍可以由于其他原因而出现问题。痴呆①一类的疾病可以引起相关脑细胞的退化，轻度的中风或脑神经紊乱会造成这部分脑组织的功能失调。疾病引发的后果也存在相当大的差别。最轻的情况是，受不同类型健康问题困扰的人们可能只是认不出对他们来说不怎么熟悉的人。但是，如果大脑的其他区域也受到了损害，那么这些人可能就认不出亲友，甚至自己

---

① 痴呆是指慢性获得性进行性智能障碍综合征。临床上以缓慢出现的智能减退为主要特征，伴有不同程度的人格改变。它是一组临床综合征，而非一种独立的疾病。痴呆的病因很多，主要分为两类：一是变性病性痴呆，如阿尔茨海默病、额－颞叶痴呆等；二是非变性病性痴呆，如感染、脑外伤、脑积水、中毒、缺氧等。——编者注

的伴侣。如果一个人有患痴呆的亲属，他肯定会告诉你，目睹亲人认不出自己的感受是极其痛苦的。

神经学家奥立弗·萨克斯（Oliver Sacks）曾经出版了一本关于大脑损伤的案例研究。这本著作名为《错把妻子当帽子》（*The Man Who Mistook His Wife for a Hat*），在书中，他准确地描述了这样的场景：男人饱受视觉失认症的困扰，他认不出自己看到的到底是什么东西；看到挂在挂钩上的帽子，他会把它认作自己的妻子。当然还有一些更为常见的例子。比如，患有痴呆的人有时可以认出和他们说话的人的面孔，但是他们会错认，也就是把面前的人当成了另一个人——通常是他们从前认识的人。

辨识面孔是一项非常重要的社会技能。但是对某些人来说，掌握这项技能非常困难，甚至是不可能掌握的，即便这些人在其他方面都表现得非常正常。这就是所谓的**面孔失认症**（prosopagnosia），即脸盲症。患有面孔失认症的人可以认出其他人的特征，了解关于他们的一切，甚至可以通过别人的走路姿势认出他们，就是不能通过只看对方的面部认出对方的身份。对有些人而言，面部识别是有困难的，而且没有人能解释清楚其中的原因。在一个案例中，一个男人完全不能识别他人的面孔，甚至自己的妻子。但是当面对自己收藏的大量的汽车微缩模型时，他则能精确地辨识任意一辆汽车模型的外观。

面孔失认症：一种大脑疾病，其症状是不能辨认他人的面孔。

　　当然，面孔失认症也会呈现不同的程度。大多数患有面孔失认症的人完全可以认出朋友、家人，以及自己认识很久或者经常见到的人。但是，他们对于不那么亲近的人则不怎么认得出来，比如那些他们在聚会上见到的人，或者是来自其他部门的同事。相当多的人都患有面孔失认症，甚至包括一些名人，但是他们通常会利用一些方式来掩盖这一点，比如通过和对方的交流来获取一些辨识对方身份的线索，或者使用一些其他的社交策略。

视觉的错觉

思维已经准备好去理解我们的所见所闻。这件事做起来很容易，以至于大部分时间我们都没有意识到这一点。但是，周围世界提供了很多信息，我们也在潜意识中运用了几种认知机制去分析所获取的信息。

例如，眼睛接受的图像给了我们关于距离的线索，即暗示物体到底离我们有多远。距离远的东西在视野中会更高，另外，如果物体离得非常远，它们看来就会变得灰蒙蒙的。由于我们看不到物体的细节，所以它们看起来也很平滑，还有就是，近一点的物体可能把它们部分遮挡住了。所有的这些线索，如高度、颜色、质地、部分遮挡等，都被称为**深度线索**（depth cues），可以让我们判断出哪些东西离得远，哪些东西离得近。绘画，尽管是静态的图像，其中也使用了这些视觉线索。事实上，当我们运动时，仍然可以利用其他的深度线索。比如运动视差，即物体在观察者视野中存在运动方式的差异，这取决于物体距离的远近，以及我们观察该物体的方式。你可以试着握住一支铅笔，然后把它与周围的一件东西排成一排；然后你开始左右摆头，这时铅笔相对更远的物体而言就好像在前后移动。

一般来说，像这样的深度线索都是我们需要的，它们可以告诉我们物体在哪儿，这些物体是否朝着我们的方向而来，我们是否会和它们撞在一起。大脑通过这些复杂的计算帮助人们在周围的环境中采取积极主动的行为，尽管人们事实上从未意识到这些过程。但有时，大脑也会上当受骗，从而误解所看到的事物。

深度线索： 视觉图像中可以暗示物体距离远近的那些特征。

艺术中的错觉

很多艺术家都将深度线索和错觉融入自己的作品。艺术家埃舍尔（M. C. Escher）是很多格式塔心理学家的好友，正是通过这些格式塔心理学家的科学论证，人们最终确立了知觉的基本原则，而埃舍尔则把很多好友们的想法融入了自己的艺术创作。

知觉的基本原则之一就是我们可以在背景的映衬下看到图形，但不可能同时看到图形和背景。埃舍尔利用这一想法做了很多插图，插图中包含两个图形，这两个图形又各自成为对方的背景。著名的插图之一就是"天使与魔鬼"：如果你看到魔鬼，天使就消失了；但是当你看到天使时，魔鬼又成了背景；你可以在图中看到天使与魔鬼，但是不能同时看到它们两个。

埃舍尔的另外一些作品则使用了透视错觉，譬如有一幅画，表现的是围绕一座方塔而建造的楼梯仿佛永远向上而没有尽头。去找找埃舍尔的作品吧，你可以发现很多类似的例子。

即使只有很少的信息，我们也会按照设定好的方式运用深度线索去理解所看到的事物。蓬佐错觉由两条纵向的直线组成，但两条线彼此倾斜，越往上两条线靠得越近。这时，有两条同样长短的水平直线摆在了两条斜线的内部，一条水平线在另一条的正上方，那条位于上方的水平线看起来会更长。这是因为大脑把两条斜线理解成指向远方，就像一条铁轨或道路。因此，大脑会认为在上边的那条水平线应该离得更远。如果是长度一样的线，离得越远则看起来越短才对。现在两条线看起来长度差不多，那么，那条上边的线应该更长。

这种类型的偏差在很多视觉错觉中很常见。它们被称为策略型错觉，源自大脑在理解新信息的过程中所使用的认知策略。其他类型的错觉还包括机制型错觉，这种错觉利用了视觉系统的生物学机制，就像我们在本章第 2 节中提到的似动现象，它创造了一种移动图像的印象。

瀑布效应是另一种常见的机制型错觉，源于人们的**习惯化**（habituation），就像在冰箱发出的嗡嗡声突然停止前，你都不曾意识到它发出了声音。如果你盯住瀑布看足够长的时间，当视线移开之后，你就会感觉自己正在看的东西都在向上移动。

习惯化： 如果神经细胞重复暴露在相同的刺激下，那么它们就会停止对该刺激做出反应。

同样，如果你在飞驰的火车上对车窗外的景致凝视一段时间，当火车停止时，你就可能有一种所有东西都在向后移动的视觉印象。这被称为负后效。你的视觉细胞已经习惯于一些刺激，当刺激突然停止时，你就会得到一些与之前的刺激完全相反的视觉效果。颜色刺激也是如此，例如盯住红色外衣一段时间，然后将视线移开，你的视野里会呈现一个蓝绿色外衣形状的物体。

无意识的感知与预期图式

我们很多的感知是无意识的，尽管它是人们思维方式的重要组成部分，但它经常是自动发生的，所以并未被察觉。但是，当我们在探索世界的时候，就会不断依赖已有知识去理解周围环境，同时也告诉自己接下来应该会遇到什么。

你有没有过这样的经历，自己一路走着走着，然后突然停了下来，就看到了一处特别奇怪的景象。有可能是一款造型奇特的车辆，就像那种老式的蒸汽压路机，或是商店橱窗里古怪的陈列。因为它们和你在潜意识中预期会看到的东西很不一样，所以吸引了你的注意力。这其实透露了有关人类思考的一些其他特点。

在前文中我们提到过心理定势——准备以某种方式进行思考的状态，这意味着人们甚至不会考虑其他方式是否更适合，有没有可能得到更好的结果。我们同样拥有**知觉定势**（perceptual set），它是指人们对即将看到的某些事物做好了准备，不会想到还有其他的可能性。一般来说，我们大体会知道在什么时间会发生什么事情，很少有身处一个情境时却完全不知道会发生什么的情况。所以我们已经完全准备好，预期自己会看到日常看到的那些景致，只有那些不同寻常的事物才会让我们停下脚步。

> **知觉定势：** 可以感知特定类型信息，而非其他类型信息的准备状态。

我们通常会有的期望不仅帮助我们理解事物，还会充当图式，即可以用来指导行动的知识库。我们会在下文更为详细地探讨有关图式的话题：它们不仅是记忆，也包含有关什么是适当的行动之类的知识。因此，图式在我们积极探索周围世界时就变得尤为重要，因为它会成为指导行为，提示注意事项的行动指南。

但是，如果我们只遵循自己的期望，就不会注意到任何异常，事实确实如此，有时候就是很难注意到。在大多数情况下，人们的日常思维呈现一个连续的循环，由一个部分自然地走向下一个部分。这一理论是由乌尔里克·奈塞尔（Ulric Neisser）提出的，通常被称为"知觉循环理论"。

当沿着一条道路前进时，我们就会使用奈塞尔所说的**预期图式（anticipatory schema）**给自己一个粗略的想法，也就是对即将发生什么事情有一个合理的预期。图式会告诉感知系统应该关注什么，而感知系统会对现实世界中可获得的信息进行采样。即便是在非常安静的日子里，感觉器官也收集了远比能注意到的一切更为丰富的信息。

预期图式：一种对周围环境的心理表征，它告诉我们可能会发生什么，并且伴随着我们的移动，它也处于不断更新的状态。

循环过程是这样的：我们不断地通过感官从现实世界收集样本，被收集的信息则会被传递给预期图式；之后预期图式会根据所收集的信息做出调整或修改；修改过的新版本的预期图式则会影响我们的感知焦点，即我们所关注的事物，从而会收集更多现实世界的信息，以便再次修改预期图式。如此循环往复。这是一个连续的过程：我们可能不会意识到它，但这个过程一直都是这样进行的，这一过程也是我们能关注到（或者关注不到）周围所发生事件的核心原因。

那么，你应该可以了解，为什么当自己看到蒸汽压路机或者特别引人注目的商店橱窗陈列时，会停下脚步（想象一下，橱窗装饰师会多么开心）。在此之前，你几乎不会注意到路上的交通状况或者其他行人，或是会为他们停下脚步，尽管会通过一些适当的行为做出回应，甚至在潜意识中采取避让的行动，以免撞到别人。但是，蒸汽压路机或橱窗陈列却能吸引你的注意力，因为它们和预期图式所预测的你会看到的事物截然不同。

那些烘焙豆去哪儿了

在日常生活中，让人不愉快的体验之一是，当你走进一家熟悉的超市，赫然发现超市的陈设都变了。所有东西都被搬到了不同的地方，然后你必须一样一样地寻找自己想买的东西，而不再能径直走向某个货架，立马拿到自己想要的东西。这也许让人心烦意乱，但是这种情况经常发生。

在进入超市的那一刻起，预期图式就在发挥作用：我们清楚地知道去哪里可以找到洗衣粉或者烘焙豆。但是这种对环境的熟悉也会造成在前文中提到的无意视盲：我们会忽略很多其他事情。一旦我们完全熟悉了超市的陈列，或许就注意不到一些非常醒目的摆设，这对超市经理来说应该很受挫。但是如果所有陈设都变了，就不可能注意不到。

按照奈塞尔的话来说，人们会从环境中收集更多的样本，并且依据所收集的样本对预期图式进行调整。因此，在此情况下，我们更有可能注意到新事物。这里会有一个警告：如果陈设更改得过于频繁，人们会渐渐失去兴致，从而不再东张西望，只是一心完成自己的购物清单。毕竟，新奇也只在真正新奇的时候才会发挥作用！

5

表征

在人的一生中，我们积累了大量的知识，这些知识包括如何烧开水，知道长颈鹿长什么样子，以及知道去哪里能看到北极光。我们必须通过各种各样的方式把这些信息组织起来，包括用概念来了解事物，用感官印象来描绘人，甚至建构个人理论来理解他人。本章所论述的，是关于人是如何在大脑中表征人、事、物等信息的。

他人对我们的行为也会影响心理表征。我们会对他人说话的方式做出反应，比如与带有浓重地方口音的谈话者相比，人们会对使用标准发音讲话的人做出不同的人格评判，即便二者使用了相同的词语。在社会情境中，我们对合适恰当的行为有一定的预期，这也影响了我们对他人做出的反馈。当预感事情失控时，有人会依靠迷信行为希望给自己带来好运。

概念与归类

我们很自然地把事物归类，自动地把遇见的事物分成若干组——不同类型的人、不同种类的动物、不同风格的环境、不同品牌的车辆……种类清单无穷无尽。归类其实是我们与外部世界有效互动的基础。如果把每一株植物、每一座建筑或每一个人都视为完全独立的个体，与之前见到的任何事物都不相关，那么大脑就会面临崩溃——它无法处理那么多的信息。

所以我们创造了概念（concept）——基于事物共同点而进行的分类。这些概念适用于不同的层次，有些非常笼统，比如人，而有些更为具体，比如宝马车司机。在最基本的层面，我们命名的种类包括动物、植物、人，等等。稍微细致的分类，我们就有了植物或动物的类型，比如家畜、耕畜和野生动物的区分，或者花卉、灌木和树木的区别。当对一个领域有了更多的了解之后，我们就会再加上一个层次的概念。比如，如果不是花匠，人们很可能会把所有种类的花卉混为一谈，而认真的花匠会把所有花卉的种类都区分开来。

> **概念：** 我们用于描述一组或一类物体、事件或想法的通用术语。

人们曾多次尝试去描述概念是如何在思维中发挥作用的。一些心理学家认为，这都与物体的特征有关，比如一把椅子（通常）会有四条腿和一个靠背，而一张凳子则可能没有这么多条腿，也没有靠背。这些特征通常会发生变化，由此，心理学家进一步认为，概念事实上体现了事物的基本原型（prototype）或共享的核心主张。然而，另外一些心理学家则认为，概念是基于人类如何使用物体或如何与这些物体进行互动而形成的自然分类。譬如，"家具"这一类别与方便日常生活的物品有关，即与我们的日常行动相关，因为在其子类别中，"椅子"是可以坐在上面的，"床"是可以躺在上面睡觉的，而桌子是可以把东西放在上面的。

> **原型：** 一个特定概念的典型例子模型，包含该概念的所有基本特征。

在大脑理解现实客体时，概念是非常有用的表征模型，但我们也会有其他形式的表征。譬如，文字就不是可以摸得着的物理客体；对人类而言，在归类和分享信息时，文字会发挥至关重要的作用。文字识别能力的发展对于熟练阅读非常关键——优秀的阅读者可以通过单词的形状快速认出单词，同时把这些单词与相关的信息迅速关联起来。

　　我们可以通过斯特鲁普效应理解这种额外的关联可以发生得多么迅速。如果你给人们呈现一组以对应的颜色打印出来的颜色名字，人们可以非常快速地把那些颜色的名字读出来。但是如果这些名字是用不同的颜色打印出来的，例如，如果文字"红色"用蓝色打印，文字"橙色"用紫色呈现，那么人们则需要用比之前长得多的时间才能读出来，而且很容易犯错。你可以用大写字母、黑体、斜体字符或者小写字母做同样的测试。斯特鲁普效应说明，文字识别不只是识别文字本身，还包括识别文字所代表的意义和关联物。

　　我们也有对事物的空间表征。随着了解的地方越来越多，人们会构造出认知地图，以便告诉自己不同地点之间的关系。这些认知地图是相当个人化的，并且随着经验的积累在不断变化。比如，你或许记得，当自己第一次拜访大学或城镇一类的新地方时，大学里或城镇中不同的区域之间会显得特别遥远，但当你习惯了在那里生活之后，就不会有这样的感觉了。人们表征这些地点的方式和对那里的熟悉程度紧密相连。即便是动物，也会有自己的认知地图。对于任何能够游走的动物而言，了解自己的大致位置和所处的环境相当重要，人类也是如此。

心理世界的小单元：图式

我们不仅会储存知识，也会使用知识。大脑中表征信息的方式与我们如何表达信息紧密相连，它与我们对于可能性和行为的理解相吻合。人们通过**图式**（schema）完成信息表征。图式是指包含概念在内的表征单元，同时它也涵盖了更为广泛的知识，如潜在的行动、关联和经验。心理图式是人们将知识与行动，以及对于行动的记忆联系起来的方式。新的经验被吸收进图式里，同时对图式做出调整。

图式：一种假设的心理结构，其包含了与某个想法有关的计划和行动，以及其他与该想法相关的信息。

初始图式是伴随人们对于世界的第一次体验而发展起来的。婴儿出生后，他们的感官受到了来自外部世界的信息的狂轰滥炸。慢慢地，他们学会了区分"我"与"非我"，这是我们都会遇到的最开始的两个图式。当孩子的身体控制及感觉器官发展得越来越复杂时，图式也发生了同样的变化。比如，婴儿特别喜欢对他人做出反应，因此"人与非人"在不久之后会作为一个图式被呈现出来。

图式通过同化新的信息得以发展，这往往发生在将原有图式运用到新的情境中的时候。这并不一定涉及图式的改变，但有时图式需要做出一些调整，图式的自我拓展可以便于接纳新的信息。这就是所谓的顺应。如果图式过度拓展，就会导致图式的分化：在婴儿世界中被视为"非人"的图式可能会变成两类，一类是可以用来抱抱的事物，另一类是坚硬不讨喜的事物。当然，一种图式也可以分化为食物与非食物两种（尽管家长们都知道，这类认知通常会很晚才出现）。

20 世纪初，著名的发展心理学家让·皮亚杰（Jean Piaget）曾把图式发展视为理解儿童认知发展的关键。他提出，人类的婴儿期完全是**自我中心**（egocentric）的——婴儿觉得自己位于宇宙的核心位置。随着个体的成长，学习与周围世界相处的过程也包含了逐渐去中心化的过程，因为我们开始明白，世界的某些部分与自身是分开的，并且它们独立于个人经验之外。当你观察小孩藏起来的时候，你就可以理解这一点：小孩常常会遮住自己的眼睛，于是他就看不到你了，然后他会认为你也看不见他了。年幼的孩子通常要经过一段时间才会意识到，自己看不见的东西，别人却可以看到。

自我中心：不等同于自私，但感觉自己是整个世界的中心，其他的一切都只在受到个体影响的时候才具有相关性。

它和你的世界观相符吗

当我们有了新的想法或经验，我们需要找到将这些想法或经验整合到现有图式的方式，或者需要调整现有图式以便它能应对新的经验。如果我们不那么做，那么最后就只能把这些新想法统统抛弃。比如，有些人认为"哈利·波特系列"是专门给孩子看的，所以自己绝不会去读它，而有些人不喜欢科幻小说，因为他们做不到将有关现实世界的图式搁置一旁，反过来去接受一些根本不可能发生的想法，比如在科幻图书或电影中被认为理所当然的超光速旅行（有意思的是，那些不喜欢科幻小说的人可能会接受一些同样令人难以置信的作品，比如谋杀案每周都发生在同一村庄的电视连续剧）。然而，拥有更弹性的图式结构的人，也更容易应对有关虚拟宇宙的构想。

皮亚杰并非描述图式的第一人。早他几十年的另一位心理学家弗雷德里克·巴特利特（Frederic Bartlett），曾经记录了一项著名的记忆实验，通过实验他向世人展示了竭力将自己的记忆与他们所理解的现实世界匹配时，这些记忆会变得多么扭曲。在实验中，巴特利特要被试先听一个故事，然后被试把故事复述给另一个人，而另一个人之后也会和下一个人分享这个故事，以此类推。巴特利特所讲述的故事内容与这些倾听者的个人经验毫不相干，故事来自美洲的原住民文化，涉及灵魂对现实生活的积极干预等内容。当人们听到故事并不断地把故事分享下去的时候，故事的内容变得越来越符合英国的习俗和传统——越来越符合人们现有的图式。这并不是人们有意为之，他们并不知道自己在做什么。但当大家重新讲述故事的时候，他们只记得和自己的现有图式相匹配的细节。

图式会对我们能注意到什么，以及能记住什么产生影响。在一项实验中，研究者要求被试观看一段视频，视频是在一座房屋内的若干房间中拍摄的。研究者让一组被试把自己想象成这座房子的潜在买家；让另一组被试把自己当成窃贼，而这座房子就是他们准备偷盗的对象。当看完视频后，所有被试都被要求回忆有关房屋内的一些细节，两组被试所记起的房间细节具有相当大的差异。他们所使用的图式影响了他们看待房子的方式。

动作表征与图像表征

我们已经了解了，表征并不仅仅是储存表面的信息。我们并不是像一台摄像机那样对信息进行单纯地记录，而是以个人化的视角卷入这一过程，以便所记录的内容可以代表我们对世界的认知。人们对于世界的看法依赖自身的经验和主张，同时也来自外部世界的信息摄入。

信息表征也依赖感官的输入，即我们可能会感受到什么。大多数人在闻到一种与众不同的气味，听到一段独特的歌曲或旋律时会感到记忆的潮涌扑面而来，将我们瞬时带回某时某地。这样的感官信息会与个人自传式记忆紧密相连。

人们首先发展的表征形式叫作**动作表征**（enactive representation）。它是一种肌肉记忆，而事物是通过我们所采取的行为进行表征的。你可以在婴儿中看到这种表征形式。譬如，当婴儿记起吱吱声或者吱吱作响的玩具时，会用特定的行为进行指代，而这种能力在我们成人之后依旧予以保留。想一想在露天广场跳华尔兹的感觉，或乘坐的汽车以高速绕过弯道的感受。你可能还记得，彼时自己的身体被重力冲击着是一种什么感受，那就是动作表征。

动作表征：一种"肌肉记忆"，个体在这种记忆中会形成某个动作是何种感觉的心理印象。

随着儿童与世界的互动变得越来越复杂，动作表征就不足以支撑儿童的发展了。像阅读图书或观看电视类的活动，虽然是不同的输入方式，但都是同一类肌肉运动。因此其他表征方式就发展起来了，其中最重要的一种被称为**图像表征**（iconic representation）。图像就是一张小图片，因此图像表征就是运用图片或视觉图像所形成的表征。

图像表征：对想法或记忆的印象，类似于心理画面或心理图像。

很多孩子都有特别强大的图像表征，这能够赋予他们遗觉记忆或摄影记忆的能力。儿童可以先记下自己刚刚看到的事物，而后根据记忆探索事物的细节，即使他们并没有在一开始注意到这些细节，也能在之后的回忆中想起来。大概有 10% 的 10 岁以下的孩子可以做到这一点，但是随着年龄的增长，大多数人并不能保留这一技能，仅有不到 1% 的成年人具有遗觉记忆。部分原因是我们在成长过程中逐渐使用其他表征形式，图像表征也就不那么重要了。

味道有颜色吗

有些人会用感觉的印象来表征我们从未遭遇的情境。一种被称为联觉的感觉障碍，即把很多感觉印象混在了一起，此时的声音感觉起来像光线，而味道尝起来像颜色。这只是一些例子，对每个拥有此种体验的人来说，联觉的表现各不相同。

真正的联觉非常罕见，而用于表征的联觉意象则更为常见。一个人可以用"棕色"来代表咸味，或者把天鹅绒的触感形容成钟琴发出的声音。神经学家还没有发现有关联觉或联觉表征的特定"规则"：这不是一个简单的神经通路交叉或者诸如此类的理论可以解释的问题。就像记忆与能力，它是因人而异的：我们在大脑中如何表征信息是一个非常个人化的问题。

随着外部世界在我们的理解中变得越来越复杂，我们也需要发展其他的表征形式。诸如正义或自由的概念非常抽象，并且不可能通过具体、清晰的视觉意象进行理解。同样，数学及计算技能也是如此：我们可以利用符号表征来轻松应对此类信息，但是符号表征很难用图标、图像来完成。符号表征诚如它所听起来的那样——使用符号来代表知识信息。从某种意义上讲，我们从学习语言的那一刻起就开始使用符号表征了，这是因为语言文字就是指代通用含义的符号。随着我们从孩童期走向成人期，各种各样的符号表征也越来越重要，最终动作表征和图像表征不得不退居其次，以至于大多数表征都包含这样或者那样的符号。

　　符号是思想的重要抽象表达，但正如我们看到的，表征信息的方式也包含个性化的参与。这种参与可以是有计划的行为，情感的联结，某物和某人建立联系的方式，在电视剧或电影中特别关注的某段情节，或者仅仅是个人经验的某个方面。于是，人们发展了语义表征，它的信息储存与事实无关，而是侧重意义。语义表征包含了心境与感受，诸如热情或同情，也涵盖了情绪，诸如愤怒或喜悦，当然还包括我们个人生活的许多其他方面。

内隐人格理论

人，在某种程度上讲，对我们的生活尤为重要。这一点适用于所有人类社会，不论其科技是否发达。因此，我们表征他人的方式就与表征草的颜色或商店的远近等其他信息的方式略有不同。

另外，对人的表征也更具权威性：通常情况下，与其他类型的信息相比，我们对从别人那里听来的信息会更为关注。这些信息能更好地存留在记忆中。这就是为什么学生们会觉得复习小组对学习效果的巩固具有显著作用。在小组中，大家会对需要记住的知识点进行彼此间的测试，共享与比对课程的笔记摘要，等等。只要小组成员在小组学习期间坚持复习目标，而不受音乐或聊天等活动的干扰，那么它确实是迄今为止最有效的利用学习时间的方法。

这种对他人告诉我们的信息更为关注的倾向，也会导致我们在日常逻辑中犯下一个常见偏误：人们更有可能相信个案或更依赖从个案中得出的结论，却对任何统计数据置若罔闻。奇闻趣事更让人印象深刻：如果你认识的什么人或朋友的朋友，在拜访某个城镇时钱包被偷了，你就很可能会认为那是个偷窃犯罪的高发地，即便统计数据证明这类事件在那里的发生率会比其他地方还要低。

在现代生活中，我们总会遇上陌生人。相较于和朋友在一起，人们面对不了解的人时多少会有些紧张，这源自人们潜意识中的压力源。除此之外，这种紧张感还意味着我们被大量关于他人的信息包围，而这些信息都需要我们在自己的思维中形成表征。人们一般通过两种方式形成表征：一是运用**内隐人格理论**（implicit personality theory）；二是使用从自身经验发展出来的个人建构论。

> **内隐人格理论：**关于不同类型的人会拥有什么样的人格特质的一种无意识却成熟的想法。

社会充斥着各类内隐人格理论。红头发的人容易脾气暴躁就是其中之一，还有诸如胖人都快乐，而图书管理员都是安静的，并且总是一身灰褐色的打扮。研究表明，单单是把某人描述成公司经理或工会成员，就足以让人们形成关于他是何种类型的人，以及他可能会如何行事的判断。事实上，我们仅凭零星的信息就能构建有关他人的完整表征，如他们的习惯、居所、座驾，以及所有一切特征。另外，研究者已经证明，在构建这些想法时，人们会完全忽略统计数据，这就意味着创造出的人物特征很可能根本就不存在。

第二种表征他人的方式则是通过在日常生活中发展出来的个

人建构论（personal constructs）。个人建构论是关于世界上的人以及事物是什么样子的微型理论。它们采用双相结构形式——拥有两个极端的连续维度，如"和蔼—残忍"或者"消极—积极"。

> **个人建构论：**通过个人经历发展起来的理解世界的个人视角。

每个人都有自己独特的一套结构系统，人们通常会使用八个左右的结构维度去理解他人。但请注意：每个人用来描述结构的词语虽然相似，但文字本身具有欺骗性。你或许可以去问别人一个问题，如他们理解的"攻击性的"的反义词是什么？我曾经在一堂成人教育课上做了这样的测试，学生们回答的内容五花八门，其中包括"和蔼的""和平的""静态的""友好的"等。我们最后得出了 16 个不同的词语。你可以从这些反义词中看出，不同的人对词语"攻击性的"下了不同的定义。个人建构论就是如此，它是个人化且具有独特性的，是我们表征他人的重要组成部分。

了解你的个人建构论

这里有一项非常简单的练习，据此你可以挖掘出自己的个人建构论。

第一步，找出八位对你来说重要的人。你不必喜欢他们，他们只需在某方面对你有意义就可以了。

第二步，从字母 A 到 H 之中，给每个人分配一个字母。

第三步，把他们分为三组，想一想其中两个人的相似点是什么，以及这两个人和第三个人的不同之处又在哪儿。

第四步，把相似点和不同点记下来。这样你就得到了一对词语。

第五步，顺着你所列的名单继续，把每个人至少都被分组对比，最好能够被分组两到三次。

下面是一个三人组的列表，希望可以对你有所帮助：ABC、DEF、AFG、BDH、CEG、HBF、AEH、DGC。当你这么做了几次之后，就会发现一些重复，但最后可以得到一份特征列表，而列表中的特征往往具有相反的含义，比如"安静的—吵闹的""深思熟虑的—冲动的"，甚至包括"富有的—贫穷的"。这些就是你的个人建构论。

如果可能，找一个朋友来做同样的练习，或许可以通过比较你们两个人的特征清单，找出某些有意思的区别。

社交脚本社会化

我们从出生的那刻起就已经开始学习了，大脑已经进化得能做到这一点，这就是为什么与娇小的身躯相比，新生儿会拥有这么大的脑袋。我们也知道，很多学习都涉及心理表征的发展。人类不只限于从感官获取信息，尽管从本质上看，无论从哪里获取的信息其实都是一样的，同时，人们也善于从他人那里学习，而且这种学习也最为深入和持久。这就是为什么学校要招聘真正的老师，而不是只购买教学用的机器设备，也是为什么和朋友共同学习是准备考试的最好方式。

我们从他人那里学到的不只是事实性的知识，还有适用于特定社会与文化的技能。学习的过程和方法不一定那么正式，我们在后文会对此进行论述。通过从他人那里学习，我们可以了解到什么样的行为是可以被他人接受的，而哪些是不可以的；该如何与不同的人交流；在特定场景中又该如何表现。每一个社会都有自己的禁忌，即不能做的事情，因为它们是完全不被接受的，甚至连谈论也不被允许。当然，这也包括非常严重的犯罪，如谋杀；但也有一些禁忌是社会习俗所致。

　　所有社会都会鼓励孩子要根据对方的社会角色，用不同的方式和不同的人交流。比如，人们普遍期望，年长者应该受到尊重，以及得到礼貌的对待。在城市文化中，人们经常给老师或警察礼貌的称谓，而对家人和朋友的称呼则随便得多。在不同的语境中，我们通常会使用不同种类的**语体**（speech registers），其中包括演说家或主持人使用的严谨又正式的演讲语体；我们在向陌生人问路时使用的咨询语体；与朋友、同事交谈时使用的常用语言；以及在亲密关系中才会使用的亲密语言。我们自动地在不同的语体间自如切换；它们嵌入我们对社会的理解之中，成为在特定情境下应该如何交流的心理表征。

　　语体： 在不同的社会情境下所采取的适宜的谈话风格。

　　人们同样会有不同的**社交脚本**（social scripts），用以规定在不同的场合应该如何行为。这也是潜意识的内在表征，我们甚至没有意识到自己在使用它们，但很清楚人们在餐厅或影院应该如何行为。如果某人偏离了这一脚本，我们也会立刻察觉到他们的行为"失当"，无论是否选择对此做些什么——是否做些什么依旧取决于我们的文化和社会表征！最近，我在机场遇到了一群苏格兰球迷，他们挤满了休息大厅，原来是要去观看苏格兰与英格兰在温布利的比赛。这是长达一年的封禁令之后，他们迎来的第一场向观众开放的比赛。休息大厅的环境非常嘈杂，这时大约100名球迷齐声高歌。不过，好的地方在于，尽管他们的行为明显打破了人们通常在机场会表现出的社交脚本，但机场的工作人员没有在意，他们一直微笑着，觉得场面挺有趣：机场工作人员理解这场比赛对于这些球迷的重要性，也意识到放声高歌无伤大雅。因此，尽管这样的行为在通常情况下不被接受，也必然违反了社交脚本，但此时此刻它却可以被容忍。

> **社交脚本：** 在特定的社会情境下适宜的可以被社会接受的行为模式。

社交脚本和语体可以被视为不同类型的图式，是我们在日常行为中经常用到的认知表征。但是，我们也会有其他类型的知识，例如对世界、对其他国家及对生活为何如此的一系列想法和信念。这些都是社会表征——由社会互动发展而来，并且通过交流和沟通得以不断磨合的认知形式。社会表征是人们共享的关于世界的诠释与理解，实际上也成了理解社会和建构政治的基础。诸如什么是最为有效的政府形式、什么对经济最有利，以及人们是否天生具有攻击性等看法，都属于社会表征。这些社会表征在群体间存在差异，从而成为群体间进行讨论与沟通的主要内容，同时也是采取政治和社会行动的主要依据。

改变你的想法

社会表征在核心要素上是一致的，但它们可以在交流和讨论中做出调整。比如，你在和一位护理人员聊天之后，或许会改变对贫困根源的理解；而当你和一位企业家交谈后，又会对贫困根源有完全不同的解读。每一个人都坚称自己的理解是"真正的"答案，但他们所表达的不过是自己的社会表征。在其他条件都一样的情况下，你的核心信念让自己拥有了这样或那样的解释。如果你觉得交流可以提供更多的视角，则更可能调整自己的社会表征以接纳新信息。如果你拒绝新信息，一切就保持不变。我们一直在向他人学习，而我们的社会表征则是用来搞清楚自身世界的基本认知结构。

不理性的思维

由于不同表征形式的存在，思维就做不到永远保持理性，这一点或许并不会令人感到奇怪。有时，即便我们的行为在自己看来非常合理，但在其他人眼里就变得相当荒谬。诚如所见，我们一直在利用各式各样的表征来帮助自己理解身边发生的一切并做出相应的反馈。这些各式各样的表征包括从幼年开始习得的图式和概念、独特的个人建构论，以及在与他人的互动中所认知的社会表征。

我们在社会层面上认同自己身份的方式也会带来不一样的影响。人是社会化动物，人类社会被划分为不同的群体。大多数社会都有以性别、年龄和职业为依据而划分的群体，而当今多元化的社会所结成的群体就更多。我们之前讲过，人们可以对一切事物进行分类，比如宝马车司机就被划成一组，也就是说我们也会对人进行区分。

但我们是如何对自己进行归类的呢？我们如何看待自我，即自我概念，也是人们思考和行为的依据之一。譬如，你把自己视为紧随潮流，时刻与最新趋势保持一致的人。那么，如果别人给你一张时装秀的门票，你或许会欣然接受。而一个认为自己对此类活动不感兴趣的人，很可能会拒绝这样的邀请。相似地，如果你认为自己是一个爱冒险且精力充沛的运动健将，或许会对由赞助商赞助的沙漠徒步旅行跃跃欲试；相反，一个从不这么看待自己的人则会在这个想法被提出时就感到不寒而栗。

我们同样会将自己的社会类别融入自我概念，这里指的并不是自己归属的所有社会类别，也不是每时每刻这些类别都与自我概念融合在一起，只有那些相关的类别才会被吸纳进自我概念之中。一个女性可以用不同的方式看待自己，比如将自己看作自行车骑手、书呆子、照料者、狗的主人，以及独立女性。这些都是**社会身份**（social identification），大多数时候不同的社会身份之间并不相关。然而，当不同的社会身份之间发生关联时，它们就能改变，甚至决定思考的方式。例如，一天，我在此段开头时提到的那个女性，我们叫她简。简已经为家人做了饭，她起先并不介意饭后继续由自己来洗碗。但是，当她刚打开水龙头准备清洗时，她的伴侣说了一些带有性别歧视意味的话，他认为厨房工作本应是女性的职责。简的独立女性身份这时开始发挥作用。现在，洗碗成了她最不想做的事。在此之前，她对这项任务有一种理解；在此之后，她对任务的理解发生了变化，且与之前的完全不同。简的思维方式受到了独立女性社会身份的影响，此时此刻这种社会身份凸显出来。这种变化在旁观者眼中或许是荒谬的，在她有性别歧视的伴侣眼中恐怕也是如此。毕竟，这到底是发生了什么变化呢？但这对简来说，变化来得一点都不荒谬。

> **社会身份：**"他们"和"我们"的区别，这种区别可以让我们认为自己属于这个或那个社会群体。

但是，我们所做的某些事情不仅看起来荒谬，实际上也确实荒谬。在前文我们论述过，让人们感到自己能够掌控生活是多么重要。但是在某些阶段的人类社会，人们其实很难做到这一点。例如，农耕社会的生存发展就极端地依赖天气因素，渔猎社会也是如此。学生们经常在考试季来临时感到六神无主，运动员也认为他们成功与否至少部分取决于比赛那天的运气。本书前文也提到，当人们感到失控时，所感到的压力是空前巨大的。因此，这些群体都会有某种程度的迷信。他们会践行一些信念，而所有这些行为或信念不过是**迷信行为**（superstitious behaviour），但在他们看来，这些行为会带来"好运"，或至少可以扭转厄运。

> **迷信行为：**人们做出某种自认为会给情境带来影响的行为，尽管事实并非如此。

迷信的鸽子

事实证明，即便是动物，也会产生迷信行为。行为主义心理学家斯金纳（B. F. Skinner）曾经对用奖励来训练动物做了很多研究。他观察到，实验中的鸽子经常会养成一种重复性习惯，即在鸽子用嘴敲啄按钮以获得食物颗粒之前，会做一个简单的动作，比如扇动翅膀或点头。在实验中，鸽子这么做了一次之后，会立刻得到一颗食物颗粒奖励。尽管这种简单的动作和奖励之间完全没有联系，但鸽子却不这么认为。斯金纳还发现，这种迷信行为的学习效果非常显著。一旦鸽子习得了这种行为，训练它不去这么做就变得异常困难。

很多迷信行为都是通过家族代代延续下来的，即便在现代社会中很多迷信已经不具有任何意义，但迷信行为依然存在。当人们希望某件事会（或不会）发生时，他们就摸摸木头；人们会避免从梯子下面走过；如果打翻了盐罐，就要把溅出来的盐从左肩上方撒出去，尽管会这么做的人可能并没有什么宗教信仰（这一行为原本用来蒙蔽潜伏中的魔鬼）。我们会迷信，是因为我们想试着稍稍掌控一下根本不受控制的生活；至少，可以避免厄运降临到自己身上。如今，迷信只是一种思维习惯，而我们常常会忽略这一思维习惯的存在。

6

记忆

在这一章中，我们会了解人们在日常生活中使用的不同的记忆类型。有些记忆可以持续数年不忘，而有些只留存了几秒。但这真的很重要吗？人们在实际使用某些信息时，才会将其保留在所谓的工作记忆中；而如果这些信息不重要，则很快就会忘记它们。我们能够记住的是生活中的事件和情节，而这些事件和情节涉及一种不同的记忆类型。即使一时忘记这些事，我们也会通过暗示、线索或再造情境的方式把与之相关的记忆找回来。人们很少忘记如何做一件事：即使身体老去，能力不再，那些长期培养的技能和日常生活的程序步骤都留存在脑海中。

我们也会利用语言来记住一些事情。对于词义的记忆，是人类交流的重要组成部分。这些词义会随着时间的流逝而发生改变，朋友、家人和工作团队成员之间很容易形成特定的共享语言形式。我们所使用的语言也会影响记忆，甚至会影响对并未发生的事件的记忆。

记忆功能的时效与复杂性

19世纪末以来，心理学家就开始研究记忆，他们的早期研究提供了许多至今适用的见解。记忆研究的先驱之一赫尔曼·艾宾浩斯（Hermann Ebbinghaus），通过尝试记住一系列的三字母组研究记忆。三字母组是由三个字母组成的无意义音节，如 VIL 或 KAD。在众多研究发现中，艾宾浩斯提出了首因效应和近因效应（在一个列表中，与中间的条目相比，我们对第一个和最后一个条目的内容记忆深刻）；他还发现，即使人们觉得自己已经完全忘记了之前看过的一份列表内容，也会在第二次看到它时，能用相对更短的时间把内容都记下来。此外，艾宾浩斯还通过研究得出结论，人们在 2~3 个学习期所收获的学习效果，比在相等的时间内只有一个学习期要好得多。我们会在之后论述有关遗忘的话题时再来介绍艾宾浩斯的理论。

其他心理学家开始研究如何区分短时记忆与长时记忆。你可以用短时记忆来记住账户登录的一次性安全密码。我们只需在登录账户前记住它——登录后就可以直接忘掉它。但是有些类型的信息，比如用来保护自己银行账户上资金安全的用户名，就要在大脑中储存更长的时间。这些信息都停驻在我们的长时记忆中。

一种常见的错误观念

通过重复内容进行记忆的方式由来已久，至今仍被备考的学生广泛使用。遗憾的是，这些学生实际上采取了最糟糕的复习方法。没错，信息可以通过这样的方式抵达你的记忆，但是它所需要的时间过于漫长，并且不一定奏效。在你通读本章后，你会了解到几种更有效的记忆方式。比如，建构记忆内容的个人意义，或者把这些新记忆与已知事物联系起来，要比简单重复有用得多。因此，如果你或你知道的某人试图通过一遍遍简单重复来学会某些内容，那么，请尝试一下不同的方法吧，记忆的效果一定会好很多。

测量短时记忆的一个经典方法是**数字广度**（digit span）测验。通常情况下，人们可以记住 5~9 个数字，心理学家称之为"神奇的 7 加减 2 现象"。当然，有些人可能记住得更多，有些人也可能记住得更少，但记住 7 个数字是最为普遍的情况。然而，如果把数字一组一组地呈现，我们则可以记住得更多——分组呈现意味着把数字归入有意义的组群。如果我让你重复如下的一组数字序列：2-0-2-0-1-9-8-0-2-0-0-1，你或许会觉得有点困难；但是如果你了解到这些数字代表一些有特殊意义的年份，那么你就会把它们视为 2020-1980-2001，这样很容易就记住了。

数字广度： 在一串数字或字母（统称为"数字"）仅被呈现一次之后，一个人可以复述出的数字或字母的数量。

心理学家曾经认为，短时记忆是记忆的初始阶段，通过短时记忆记住的信息可以经过多次重复抵达长时记忆。现在我们知道，事实并非如此。短时记忆是如今我们所说的**工作记忆（working memory）**的重要组成部分。

工作记忆是我们在任一时间所关注和思考的内容。如果你想把题目解出来或完成一项复杂的任务，通常会涉及工作记忆的几个要素。工作记忆模型表明，我们有一个中央执行系统，它把亟待解决的问题列为我们的首要思考对象，并且调动一切资源来满足它的需要。中央执行系统会从不同的渠道接收信息，比如噪声和声音表征，别人对我们讲的话（我们处理他人话语的过程有别于对噪声的处理），图像或者相关的视觉表征。所有这些信息会进入输入登记器，相关信息经此传达至中央执行系统。我们还拥有一个语音回路，它就像一种内部声音，可以一遍遍地重复信息。语音回路会将这些信息送达中央执行系统，并且执行监督功能。这些要素结合起来，就让我们拥有了即时的工作记忆。也就是说，人们可以利用有用的信息专注于一项特定的问题或活动，同时屏蔽不重要的信息。

> **工作记忆：** 一个复杂的记忆系统，这一系统允许我们临时
> 储存和使用某一难题或任务的重要内容。

人们认为，工作记忆比短时记忆更加有用，主要是因为它关注我们是如何使用即时记忆的，而并不是将记忆视为一个被动消极的过程。此外，记忆可以持续不同的时长。这并不仅仅是一个短时记忆可以存在数秒，而长时记忆可以永久留存的问题。有些记忆可以伴随我们数年，而有些则持续几周就消失不见了。比如，你为一场考试记忆的东西通常在考试结束之后就会消失，因为你不再需要记住那些信息。但是，你对于一首歌的记忆则不同，这样的记忆可能会伴随你的一生。

独特的记忆与记忆的寻回

当谈及记忆，我们首先会想到，记忆是人们一生中拥有的独特个人体验，而那些最珍贵的记忆就是我们做过的事情或是所享受的特别时光。有时，我们会一遍遍地重温这些记忆——记忆不曾被遗忘就是因为它经常被想起。有时，我们又好像把过去的事情忘记了，但当和一位老友交谈或故地重游时，那些曾经发生的事情就又回到了眼前。

从出生的那刻起，甚至可能在此之前，人们就储藏了很多个人经历。然而，这些经历能被记住多少与当事人回忆这些经历的频率密切相关。一个 6 岁的孩子对自己在 2 岁时经常去玩的场所有清晰的记忆——至少，他会记得那个地方的地板是什么样子的。但是这些记忆会褪色，当你问一个 10 岁的孩子同样的问题时，他就不会再有类似的记忆了。当我们逐渐长大，通常只能记得 4 岁以后发生的事情，但也可能会记得 4 岁之前的一些单一、特殊的片段。

个人的经历被称为**自传体记忆**（autobiographical memory），它是非常复杂的。记忆的深刻程度取决于两件事：一是记忆是否被提取过；二是事件的特殊性。如果一个人在 7 岁时曾被要求回忆自己在 2 岁时去过的游戏场地，那么这个人的余生通常都会保留这份记忆。如果一个人在蹒跚学步时曾不幸落水，而后被人救起，那么这个人或许会永远记得这份感受。但是我们通常不能清晰地记得日常事件或情境。这并不奇怪：想一想一天中可以发生多少事情呀！如果想要记住所有的事情，我们就会被这些信息搞得心力交瘁。因此，大脑会妥善筹划，这样人们就可以更方便地提取那些真正重要的记忆。

自传体记忆： 对于个人生活经历的独家记忆。

记忆与我们的情绪紧密相连。如果我们所爱之人诸事顺遂，我们也会替他们感到高兴。我们喜欢和朋友或者令自己感到舒适的人在一起。如果一个朋友生气了，或者表现得很不耐烦，我们也会感到沮丧。事实上，人们经常会因为碰上这样的事而感到不高兴，即使对方是陌生人，也会给自己带来相似的情绪体验。大脑中应对社会交往和社会关系的部分与处理情绪的部分关系密切：这两部分并不相同，但是紧紧地连接在一起。因此，与他人交往的记忆与其他行为的记忆相比而言，经历了更深层次地加工处理，我们也就记得更牢。

你可能会认为，与强烈情绪体验有关的记忆很难被忘记。事实并非如此。在一项研究中，研究者在 5 年的时间里，坚持每天记日记，并记下两件当天发生的对自己有重要影响的事件。每过几个月，她会随机挑选两个日期，阅读自己那天记下的内容，尝试回忆那天发生的事，以及它们是何时发生的。令人惊讶的是，那些具有强烈情绪体验的事件并没有比其他事情更令人难忘，研究者甚至对有些事情完全没有印象。因此，对记忆起作用的不仅有我们当时的情绪，还有这些事与其他相关事件的联结方式。

我们在此讨论的是**情景记忆**（episodic memory）——对事件的记忆。情景记忆与如何做事情的记忆完全不同：那种记忆被称为程序记忆，此种记忆类型会在后面详加论述。情景记忆包括从课堂、书本或他人经验中获取的知识，以及个人的直接经验。我们用不同的方式对这些信息进行储存或表征，这些方式可以是图像、肌肉活动，甚至是在脑海中重复播放的小录像。但基本上，这些信息都是发生过的事情或人们的亲身经历，我们能否回忆起这些信息则依赖于线索和环境。

情景记忆： 对于特定事件或经历的记忆。

认知问讯法

无论我们处于何种年龄，日常例行事件都不会像特殊事件那样能长时间地留在记忆里。你还记得上上周的周二午餐吃的是什么吗？你或许会记住，但是这种可能性只存在于那天发生了一些不同寻常的事，或者你的周二和一周中的其他日子不太一样，尤其是在午餐的时候。回忆它，应该不会像回忆"今天早上吃了什么"这么简单。但是，这并不意味着这段记忆完全找不回来。如果真想不起来，就要看看是否能重建记忆。想一想那一周的其他信息，从那些信息入手或许可以找回记忆的一些线索。你在那一周的其他日子做了什么？特别是周二，有没有什么不同寻常的事情发生，如果有，是在午餐前还是午餐后？你那时去了哪里，周围的环境是什么样的？你是和其他人一起，还是独自吃午餐？你在餐后做了些什么？法庭心理学家会使用诸如此类的线索帮助人们重建在他们看来已经遗忘的事件细节。他们设计了一套特殊的问讯方式，被称为认知问讯法，这种方法可以让人们回忆起他们试图记起的事件的背景细节。背景细节越丰富，记忆找回的可能性就越大。试一试，你会对它的效果感到吃惊。

记忆的线索与回忆的技巧

正如我们所看到的，记忆虽然不是立等可取的，却总能浮现在眼前，只是有时会比期望的晚一些，记忆也会时不时地非常清晰地呈现在我们的脑海中，这时往往会令人感到十分惊讶。事实上，这都与**记忆线索**（memory cues）有关：与所储存的记忆相关的信息片段，可以帮助我们将记忆带入意识层面。处理片段信息之所以可以找回相关的记忆，原因之一在于处理的过程会将信息片段与其他线索和记忆背景相关联。因此，信息不是孤立存在的，而是与我们所知晓的其他事件相互联系的。

> **记忆线索：**和其他记忆联系在一起的信息，便于记忆的
> 提取。

记忆线索可以以任何形式呈现。你有没有被一首歌或一段音乐带回到从前，抑或被一种特殊的气味或滋味勾起某段回忆，就像家庭烘焙的香味或薄荷的味道。有时我们的记忆会和某种感官体验紧密相连，所以当我们再次有相关体验时，与之相连的记忆

就像潮水般涌到我们眼前。即便是一种特定的颜色或形状，如果它和最初储存的记忆联系得足够紧密，也足以让人回溯过往。

不仅仅是线索，**环境**（context）也会对我们的记忆起作用。记忆本身非常依赖事件和地点，比如去了哪儿、做了什么，这些个人信息直接帮助人类在原始社会中存活了下来。因此，当你来到一个很久未拜访的地方时，与这个地方相关的一系列记忆就会被唤醒。

环境： 某件事情发生的背景或情境。

这一切与我们一直保持着积极活跃性有关。人类进化成主动探索型的动物，正如在前文所看到的，当我们从一地移动到另一地生活时，感知机制会帮助我们理解周围的事物。这对记忆同样适用。记忆中不只有干巴巴的事实：它还包含我们对自己走过的地方与身处社会环境的印象。即使我们试图回忆某些事实性知识，此时的记忆仍和在书中或电视节目里首次遇到这一事实性知识时所形成的印象有关。保持积极活跃性能让我们更好地感知各种环境，也能更好地记住自己的经历。

保持积极活跃性如此重要，如果做不到又会怎么样呢？答案就是，记忆会一直出问题——至少，涉及发生在我们周围的事情时就会这样。卧床不起的人或不得已整天只坐在一个地方的人，会觉得自己的很多天都合并在一起了，这些人很难记住什么时候发生了什么事情。这就好像日常活动成了记忆的一种个人、传记式的索引。如果我们的生活一成不变，待在那里一动不动，索引就很难维持下去。

当你去拜访一位移居养老院的老年亲属时，你很可能就会遇到这种情况。他们对过去发生的事情有着特别清晰的记忆，但是对最近发生的一切就记得相当模糊。他们可以记住事情，但却无法准确地指出这些事情发生的时间。

对此，人们并不会觉得不正常，因为我们都认为，随着年龄的增长，记忆丧失会自然而然地发生。但是，这是一个常见的误解。当然，痴呆是存在的，并且会对记忆造成影响。但是，阿尔茨海默病并不常见：在西欧，它只会影响不到 10% 的老年人口，而且通常与养老院的老人或者卧床不起、一动不动的老年人所经历的记忆丧失没什么关系。积极活动的老年人就不会经历这样的记忆丧失。研究显示，年轻人事实上会比那些已经退休的人经历更多的健忘时刻。但是，老年人每次都会注意到健忘的发生，会担心这是变老的征兆，相反年轻人就不太把这些瞬间当回事儿。就像有多少次你走进一个房间，却忘了进去的目的是什么。

位置记忆法

背景和位置对于记忆的重要性体现在，我们可以把物理位置作为一种助记符号，它们可以帮助我们回忆信息。这是一种古老的记忆方法，有关这种方法的记录可以追溯至古希腊诗人西莫尼德斯（Simonides）。

有一次，西莫尼德斯在一场室内宴会中发表了演讲，之后他被叫了出去。这时，地震发生了，室内的所有人都不幸遇难。地震造成的损毁非常严重，以至于遇难者的遗体都无法辨认，但是西莫尼德斯尝试通过回忆宴会时桌子的位置细节，记起了谁坐在哪里，并对遗体一一做了辨认。

　　这是一个具有戏剧性的例子，但是位置记忆法对于其他情况同样适用。比如，人们可以通过想象每件商品在超市货架上的位置来回忆自己的购物清单。

程序记忆与技能习得

无论意外事故还是神经系统类问题引发的遗忘症，都会让人觉得自己无法记住很多信息。在非常严重时，人们甚至记不住自己的名字。但是有一种记忆不会受到影响，那就是关于如何做某事的记忆：那是我们从小就掌握的身体技能。即使严重的遗忘症患者，也能够完成诸如上楼梯、开门、清洗、握手、交谈，甚至是骑自行车之类的活动。所有这些都是我们在日常生活中身体力行的小事。

这些活动被称为**程序记忆**（procedural memory），它们看起来如此普通，以至于我们都想不到它们可以成为记忆的一部分。然而，这些都是我们习得的技能，并且必须记住如何去做。在某些情况下，程序记忆可能会受到脑损伤的干扰，但是这与引发记忆丧失的脑损伤完全不同。它更有可能影响大脑中控制动作和肌肉反应的功能区，而不会伤害与记忆相关的大脑功能。

程序记忆：关于如何做某事的记忆。

人尽其才

媒体上的体育报道会聘请许多退役的职业运动员作为权威专家，对运动赛事进行解说和评论。这一做法的好处是多方面的：首先，这些曾经的职业运动员对于相关运动的规则和惯例有全面的了解；其次，他们经常关注年轻一代运动员的职业生涯发展，可以对这些人的能力和已经取得的成就给予相当有见地的点评。而退役的职业运动员作为权威专家的主要价值来自他们所拥有的技能。

在前文我们已经了解到人们是如何通过肌肉记忆表征信息的。大脑会想象我们做事情的感觉，当涉及所习得的技能时，这方面的思维就尤为发达。退役的奥运会选手或足球运动员仍旧在心理层面拥有这些技能，这就意味着他们可以给相关话题提供丰富的见解，并且充分理解现役运动员付出的努力，即使他们已经不能再像自己的运动生涯巅峰期时那样表现自己了。

事实上，人们所做的很多事情都是由程序记忆控制的，与积极的有意识思考没有什么关系。我们对某些事情的记忆已经变得如此娴熟，以至于它们可以在完全无意识的情况下发生，就像我们记得怎么去冲一杯咖啡、如何打一个结，或者怎么把球踢出去。这些行为在大脑中的表征方式不尽相同，它们通常以动作表征的形式出现（请参阅第5章第3节），事实上，大脑中控制这些动作的功能区，与负责有意识、深思熟虑行为的功能区是不一样的。

这些动作属于熟练的行为，也就是说，人们可以不假思索地将其
准确完成。

有意识行为与熟练行为之间存在明显的区别。你在学习开车
的时候就可以亲身感受到这种区别。起初，你必须仔细琢磨开车
时需要涉及的每一个小动作——协调手与脚的动作，记住如何换
挡和什么时候需要换挡，通过检查后视镜观察其他车辆，以及其
他很多事情。这些过程会令人很困惑，也需要投入大量的精力。
但是，在充分的练习之后，这些动作开始变得越来越流畅连贯，
也不再需要过多的思考。一段时间后，你可以自如地换挡，也可
以在转弯时完成观察后视镜→确认信号灯→操作操纵杆的程序，
整个过程都无须刻意回忆如何去做。

成组动作的流畅完成是可以通过练习达到的。这是**技能习得**
（skill acquisition）的基本组成部分。当你的行为从受大脑皮层
（有意识部分）控制慢慢转向受小脑控制时，技能习得就发生了。
小脑控制的是熟练动作与平衡，这就使它与大脑完全区分开来，因
为大脑是人类进行思考的地方。但是，小脑比大脑更为古老，从进
化的角度看，这并不奇怪，因为动物在需要考虑潜在捕食者的行
为缘由前，就必须具备移动、奔跑和做出有效反应的能力。这些
能力与维持我们身体运转的所有基本脑部机制都有直接联系。

技能习得：我们如何反复演练和打磨完善一整套行动或思
考过程。

147

　　正如前文提到的，技能习得是通过练习发生的。在足够的练习之后，我们会发展各种复杂的技能——身体会记住它们。一旦你学会了如何骑自行车或者如何溜冰，就不会忘记了。随着年龄的增长，你的体能状态或许会下降，或许会对这些动作感到紧张、担心，但是有关技能的程序记忆会一直留在那里，通常不会受到其他类型的记忆丧失的影响。即使你对周围世界感到困惑不解，甚至完全忘记自己是谁，也仍旧可以给自己沏上一杯茶。

语言与沟通

你有没有这样的经历，你正在开心地与朋友聊个不停，却突然发现对方所理解的内容和你讲的完全不同？语言与交流是人类社会属性的核心。儿童可以在不知不觉中掌握语言：蹒跚学步时，他们会聆听周围人的对话；咿呀学语时，旁人会给予他们耐心的示范与指正，有时会通过不断重复一个单词让他们领会语言的微妙之处；当然，儿童也会通过阅读和接受学校教育不断扩充词汇量。除了那些患有严重残疾或语言障碍的孩子，大部分人的母语学习并没有费什么工夫。

但是，交流并不仅仅是通过语言交换信息。交流有自己的模式、语调和假设，这些都对词语的使用起到了修饰作用，从而直接影响了词语的意义。儿童学习语言的真正有趣之处在于，他们会首先学习交流的社交互动部分。在掌握词语之前，他们会咿咿呀呀地发出一些声音，这些声音都和他们听到的语言相关。他们能掌握交流的时机和对话的轮换次序，还能掌握语言的抑扬顿挫。有时你会发现，他们所发出的声音就像是在和你交流一样——尽管小孩并没有讲出一个真正的词语。

语言的其他方面，即副语言，对我们理解语义非常重要。想一想这样的情境，几个人坐在一起谈话，这时某个人转头问另一个人："你怎么看？"这个问题或许是一个真诚的询问，但是如果它用某种特定的方式说出来，比如特别强调"你"这个单字，这句话其实是传递了某种态度："我并不是真的感兴趣，因为你的想法根本不重要，我这么问只是觉得需要问一下。"这个过程可以发生在任何涉及说话的事情上：这取决于我们和对方的关系以及这些对话的情境。当然，对方如何解读你提出的这个问题也取决于上述因素。

因此，语言的使用并不必然包括清晰的表达。我们所使用的词语也有不同的含义。对每一个人而言，一个词语代表了某种想法或概念，而这种想法或概念或许与他人的并不相同。"他在钓鱼（catfishing）吗？"当我们聊起某个正在休假中的渔夫时，这个问题表达了一种含义，但当我们对某个人可疑的社交媒体活动抛出同样的问题时，问题所表达的含义则变得完全不同。

> **钓鱼：** 在社交媒体上，对自己进行虚假表征的行为，或者使用虚构的人格特征达到欺骗他人的目的。

一个词语可以引发某种联想：它是一种心理表征的形式。但是能形成什么样的表征，在一定程度上取决于个人经验。前文中我们讲到，个人的结构系统，即我们理解世界的独特方式，是如何对理解"攻击性"这样的词语造成影响的。我们都有自己的个人用词，有些人的个人用词甚至发展到拥有一整套个人语言的程度。这就是所谓的**自语症**（idioglossia），它是指用特定的词语去表达别人不能理解的特殊含义。双胞胎之间经常会形成一种严格的私人语言。但是，如果所使用的语言过于私人化和特殊，我们就完全不能用它交流了。我们对于媒体、图书和学校教育的共同经历意味着，在大多数情况下，一种语言中的一个特定词语会产生某个共有表征。

> **自语症：**一种语言形式，只由一人或至多在一对双胞胎间使用。

情况并非总是如此。我们都知道，不同的职业群体会使用特定的行话与群体内成员进行交流，甚至可能通过这种方式让别人搞不清楚他们在说什么。共享的语言也有非正式的特征。同事、朋友或者家人之间的共同经历意味着，他们经常创造自己的"语言"，这种语言蕴含着只有他们自己才明白的可以彼此分享的内涵。

你会用双重语体吗

大多数语言都有一种以上的语言形式。它可能有非正式版本（用于日常生活中的友好交流）和正式版本，或是包含地区或文化的差异。一个人在职场中或与自己不认识的人打交道时会使用传统的标准用语，但同时他也会用地方方言与朋友和家人聊天。这两种版本的语言都包含不同的词语和语法。像这样同时使用不同的语言形式被称作双重语体。研究显示，多种语言的使用对于学习和大脑发育具有独特的价值：双重语体可能对大脑也有类似的影响，尽管并不像多种语言对大脑的作用那么大。

我和一位曾在中东油田工作的芬兰工程师交流过。他所属的工作团队是跨文化、跨种族的，因此英语是团队的常用工作语言。但是，我的芬兰朋友特别喜欢的一点是，团队成员最终都或多或少地参与创造了团队自己的语言，他们的语言充满了特殊的意义和不同的表达方式。他们讲的不是什么"纯"英语，而是专属于团队的独特语言，但是英语的灵活性提供了这种创造的空间，这在其他语言中并不容易达成。对团队成员来说，他们之间的沟通毫无障碍，但这对新加入者构成了一种特殊的挑战。

前瞻性记忆与回溯性记忆

有很多事情可以将人类与其他生物区别开来，对于未曾发生的事情的思考就是其中之一。一提到记忆，我们通常会假定，需要记住的是过去发生的事实性信息或事件。但是，人类还有另一种特殊的记忆类型，即对于计划和意图的记忆。这类记忆被称为**前瞻性记忆**（prospective memory）。比如，当你记起自己曾计划要和一位朋友去购物，或者约了理发师打理头发，前瞻性记忆在此时就发挥了作用。

> **前瞻性记忆：**对于未来计划或者尚未发生的事件的记忆。

当然，我们并非总是按照计划行事，人们会时常忘记自己的计划，有时是情绪原因，更有可能的情况是，我们分心了，没有及时记起原先的计划。研究者总结了前瞻性记忆的五个不同阶段，而第二阶段的中断通常导致了这一遗忘类型的发生。前瞻性记忆的五个阶段分别是：

1. 要形成意图或决心。

2. 保持一定的间隔期——从形成意图到意图需要被实际执行之间所经过的时间。

3. 觉察到提醒我们曾计划做某事的相关线索。

4. 从记忆中提取计划及其所涉及的内容。

5. 执行计划中的内容。

第二阶段其实是最难搞定的一个阶段。我们需要依赖认知复杂性来过每天的生活，这种认知复杂性以某种方式维持了一种监控的功能。比如，这件事是不是该发生了（我周五要见乔纳森，今天是周五吗），或者我们现在所处的情境是否适合那个特定的意图（我本想下次见艾玛的时候问问她。她现在在吗）。然而，有时因为计划的和正在发生的事情过多，我们处于潜意识中的监控功能失效了。我们分心了，把之前的计划忘掉了。

你是否有过这样的经历：你觉得自己要做些什么事情，但是不太记得具体是什么。发生这种情况是因为你已经达成前瞻性记忆的第三阶段，但还没有到达第四阶段。事实上，记住过去也是记得去做某事的一个要素，这被称为回溯性记忆（retrospective memory）。我们不仅需要记住什么时间准备做某事：当预设的时间来临时，还要回忆出原本的计划是什么：我们为什么要这么计划，以及计划中包含什么内容。比如，你为什么计划下周二在手工艺品市场约见苏珊？为什么是在那儿见面，而不是其他什么地方？你为什么认为那个时间和地点是合适的，那一定是有原因的。我们需要想起那些原因，以便有效地采取行动。这些都是不同的认知活动，研究者发现，大脑中涉及意图长期保持的区域，与真正记住意图内容的区域略有不同。

回溯性记忆： 对于过去所发生的事件和经历的记忆。

你忘了自己来的目的吗

　　我们都有过前瞻性记忆出问题的经历。这很常见，比如，走进一间房间却忘记为什么进来，或者在购物时忘了买些牛奶。但有些时候，它带来的影响比这些要严重得多。空难似乎经常发生，这是因为空难一旦发生就会登上新闻头条。在现实中，空难其实非常罕见，尤其是当你想到在同一时间里天上有多少架飞机在飞行时。当空难真的发生时，人们就会展开深入调查。这些事故的调查结果显示，空难发生多是由于前瞻性记忆出问题引发的。例如，飞行员或机组人员在进行飞行清单检查时突然被打断了，之后继续的时候遗漏了某些事项；空中交通管制员可能忘记了让跑道上正在等候的飞机起飞，却让另一架飞机在此时此地着陆。分析前瞻性记忆的问题是如何出现的，有助于开发新的预警系统，或通过其他方法避免类似事故的发生。

　　前瞻性记忆的最后一个阶段则是一个自动发生和完成的过程：我们身处合适的时间、正确的地点，也知道自己需要做些什么。但是，我们能看到，记得去做某件事是一个相当复杂的认知活动。它包括意图、计划、回溯性记忆、监控时间和其他相关的时间线索，当然，之后就是去做想做的事情。难怪它看起来是人类所特有的活动。很多养宠物的人会告诉你，宠物也有意图，但是对宠物而言，长期监控这些意图，以及避免这些意图被其他情境干扰就是另外一回事儿。虽然如此，现在想想，设法让我的西班牙猎犬别总是提醒我"现在是她的晚餐时间"，也真不是那么容易的事情呀！

记忆错觉

警察局有一个常见的说法，如果一个事件有 6 个证人，那么你就有了 7 种不同的事件证词。这是因为，尽管我们都认为自己的记忆是准确无误的，事实上我们非常不善于准确地记住自己的所见所闻。

研究者已经发现，信念和期望会影响思维方式，同样受其影响的还有人们对于所经历的事件的记忆。但是，其他事情也会左右记忆。有关此类研究的整个心理学领域是由伊丽莎白·洛夫特斯（Elizabeth Loftus）开辟的，她所进行的一项研究已经成了这一领域的经典。

在研究中，她先给一组被试呈现一小段有关汽车事故的录像，然后就这段录像内容提问。一半的被试被问道："当这辆车碰到另一辆车时，它的速度有多快？"而另一半被试被问道："当这辆车撞进另一辆车时，它的速度有多快？"大约一周之后，针对这段录像，被试又再次被提问；他们会被特别问及事故是否造成了车窗玻璃破碎。那些之前被问道"当这辆车碰到另一辆时，它的速度有多快"的被试，会给出正确的答案：录像中的车窗玻璃没有破碎。而那些之前被问道"当这辆车撞进另一辆车时，它的速度有多快"的被试则记得：他们在事故发生后看到了破碎的玻璃散落一地。这些人对此非常坚持，这是他们记忆中的事件的一部分。

这一研究之所以经典，部分原因是这些发现可以经过重复验证，另一部分原因则是这一研究清楚地证明了我们的记忆不单单是对事件的事实性记录。这一点很重要，因为司法系统大量依赖**目击证言**（eyewitness testimony）。但洛夫特斯证实，目击证言是出了名的不可靠：不仅因为人们总是倾向于记住自己期望看到的东西，还因为记忆很容易受到之后所发生的事件的影响，诸如之后被问到的问题以及这些问题的措辞方式。

目击证言：目睹事故或者事件发生的人所做的陈述。

这就给警察，以及那些需要通过询问发现事实真相的人提出了一项独特的挑战。在前文，我们看到了人们是如何试着理解自己的所见所闻，以及在此过程中为何要通过信息调整契合自身图式的。因此，这是一个问题。但是洛夫特斯的研究显示，如果询问时的措辞不够谨慎，那么询问本身就会带来记忆扭曲。人们提出的问题要避免使用能暗示答案的语言。我们在本章第 2 节提到的**认知问讯法**（cognitive interview）就是帮助调查人员解决这一问题的方法。认知问讯法旨在帮助人们找回自身的记忆，而并非针对事件本身给予提示。

认知问讯法：一种由心理学家研究设计的访谈方法，旨在为准确的记忆提取提供线索。

在这项发现广为人知前，一些警察局甚至尝试使用催眠的方式来帮助人们提取记忆。但是，催眠所做的事，其实是把人带入一个非常容易接受暗示的状态。在这种状态里，人们很容易接收细微的线索，说或做他们认为催眠师希望他们说或做的事情。因此，催眠更有可能让人们的记忆发生改变，而这种改变是为了迎合提问者对他们的期待。一旦错误的记忆生根发芽，就不太可能将它们从"真实的"记忆中剥离出来，因为在记忆者看来，自己的所有记忆都是真实的。

我们很难接受自己的记忆不全是对的这一事实。大多数情况下，人们不可能让时光倒流，然后回去检查一下记忆的真实性，因此我们无从知晓它的对错。但这里有一个方法：你可曾重温一部多年前钟爱的影片，然后发现电影中的一些场景和你记忆中的不同。发生改变的并不是那部电影，而是你对它的记忆。

7

遗忘

在本章，我们将研究自己是如何忘记事情的——从话在嘴边却想不起来到真的患上遗忘症。遗忘的形式有很多种，发生的原因也多种多样。有时，我们只是没有获得找回记忆所需的线索；有时，其他事情的干扰使我们无法调取正确的记忆；而有时，只是因为在内心深处根本就不想记起它们。

另外，还有一种更引人注目的遗忘形式，或将其称为记忆丧失更为准确，那就是由脑损伤或脑部疾病引发的遗忘。通过对那些受遗忘困扰的人和拥有卓越记忆力的人进行研究，人们发现了记忆在大脑中的工作方式。除了脑损伤，西格蒙德·弗洛伊德（Sigmund Freud）认为，人们真正会忘记事情都是由于在潜意识世界中想要这么做。这或许可以解释为什么遗忘会在考试中发生，但是，我们也会研究如何对信息进行加工才能成为有效的复习方法。

遗忘与回忆

　　你参加过测验吗？你看过电视上的智力竞赛吗？如果你有过类似的经历，就一定知道那种明明知道答案，但就是不能立刻想起来的感受。这种情况在交流中也会发生——你确定自己知道这个人的名字，但就是想不起来。你甚至可能知道他姓什么，但就是叫不出全名来。这种现象被称为舌尖现象，或简写成 TOT，这是一种非常常见的体验。你的大脑尝试着获取已存储的信息，但却没能及时找到它，尽管它总会在之后自己冒出来。因此，这些信息并不是真的被忘记了：它只是没有在你需要它的时候被提取出来。

　　之前你从记忆中提取的是单词的词根（lemma）——单词的概念被储存在你的记忆中，尚未被转化成一个单词本身应有的声音和形式。正如我们在前文所讲的，记忆捕捉的首先是我们的见闻所蕴藏的意义，而非特定的细节，负责储存想法和记忆的大脑功能区与处理语言的功能区不同。当我们试图回忆事物或人们的名字时，两部分的大脑功能区都会参与其中，但二者做不到适时地分工合作。

词根：一个词语在转变为正式的语言之前所具有的早期抽象表征。

一百多年来，心理学家一直在研究记忆，他们确实已经对记忆有了很深的了解。但记忆研究的早期发现之一表明，人们有不同程度的遗忘。早在 1884 年，赫尔曼·艾宾浩斯就尝试用不同的时间间隔来记住一系列由三个字母组成的**无意义音节**（trigram）。他发现了被我们称为四个 R 的记忆遗忘过程。

无意义音节：三个字母一组，可以发音但无意义。

- 回忆（recall）：我们很容易想起要记住的东西。它根本不涉及遗忘。如果需要列出遗忘的程度，那么此时的程度为零。

- 再认（recognition）：我们记不起某事，但当听到或看到它的时候，能马上认出它，而且我们也知道，它就是自己一直要尝试记住的事物。如果你观看电视智力竞赛，肯定会有这样的体验：你想不出答案，但一旦节目中的选手说出答案，你立马知道他所给出的答案是正确的。你已经忘记了某些事，但忘记的程度并不深。

- 记忆恢复（redintegration）：你忘记某件事，即使看到也认不出来，但是如果其他人需要你重新建构，比如，要求你将一组词语按照之前学习过的顺序排成一行，你能够把它恢复成原来的样子。因此，即使你可能已经遗忘了某些信息，却仍旧保留了关于它们的一些记忆。

- 重学节省（relearning savings）：当某事已经被彻底遗忘后，即使把所有组成部分都放到你的面前，也恢复不了你对它的记忆。但是，如果你试着重新学习这些知识，就会发现，你掌握它需要的时间比学会那些从未学过的知识所需的时间短得多。这就是对信息的熟悉促进了重新学习的过程。

需要记住的是，艾宾浩斯所提出的四个 R 是从回忆一长串无意义音节中总结出来的：在现实生活中，我们不太可能经常碰到记忆恢复的例子。并且，正如我们所看到的，人类经验的复杂本质也为记忆添加了很多细节、颜色和背景，这就与艾宾浩斯研究中的记忆有很大的不同。艾宾浩斯尝试研究的是"纯粹的"记忆，因此他从自己想要记住的无意义音节组中故意删去了很多有意义的内容。这就与现实世界的记忆存在太多的不同。

考试中的记忆

艾宾浩斯使用的研究方式人为痕迹有些重，但是我们仍可以从他的研究结论中得到启发。比如，现代考试就是回忆与再认的结合：论述题一定是关于回忆的，多项选择题则是关于再认的。但当坐在考场，竭力拼凑着记忆中的信息，试图写出一篇论述纲要或者尝试想起一道长问题的答案时，我们会发现自己所记住的内容好像以某种特定的方式互相联系，这就是记忆恢复的例子。重学节省则告诉我们，在课程中学习知识总是有价值的。因为，即使你忘记了所学的内容，当复习这些材料时仍可以省去很多的时间。

记忆的干扰项

我的一个朋友最近买了一辆二手车。这款车是他从未开过的车型，它的手刹有一点不太一样：这辆车的手刹拉杆位于右边仪表盘的下方，而不是左手边。[1]有好长一段时间，每次他停下车时，都会习惯性地去左手边寻找手刹拉杆，总是忘记拉杆其实在右边。

这种情况被称作干扰（interference），这是遗忘之所以发生的另一个常见原因。正如我们所看到的，我们在大脑中组织信息，并且把这些新的信息片段与曾遇到的相似事件相联系。这是我们在前文中提到的图式发展过程中的一部分。但有时，这些信息片段会相互干扰，当我们试着记住一件事情时，另一件不同的（但是有关联的）事情就会冒出来。

当我们学习一门新语言时，干扰就会出现，但干扰只发生在相似的行动、技能或想法上。你或许想要记起某位足球运动员所开的车的品牌，但只想到了法拉利。你可能知道他开的车不是这

---

[1] 本书作者为英国人。英国是右侧驾驶位的国家，所以手刹拉杆一般位于驾驶员的左手边，驾驶位与副驾驶位两个位子的中间。——编者注

个品牌，但在那个时候这是你唯一想得到的品牌。或许在之后你能回忆起他实际上开的是一辆兰博基尼。对于法拉利的认知干扰了你对兰博基尼的记忆，尽管它们都是奢侈跑车。

干扰会以两种形式呈现。第一种形式为**前摄抑制**（proactive interference），它的意思是人们能想起来的是已经知道了好久的信息，而不是最近遇到或新近想记住的内容。这就意味着，为了回忆起最为熟悉的内容，你忘记了最近才获得的知识。已经掌握的熟悉知识对于新信息的记忆构成了干扰，从而让人更容易忘记这些新内容。

前摄抑制：已知的内容信息干扰了新信息的学习。

干扰所呈现的第二种形式是，当事人出现记住新内容，忘掉旧内容的情况。想象一下，你打算不久之后在威尔士找份工作，于是最近一直在学威尔士语，因为觉得这会是个加分项。然后，一位朋友介绍你认识了他的一位法国表亲，见面的时候你尝试讲几句在学校里学习的法语，但能想到的全是威尔士语的单词。这种情况被称为**倒摄抑制**（retroactive interference），即新的知识对于之前的记忆构成了影响——那些来自过去的信息。于是这成了人们会遗忘事情的又一个原因。

倒摄抑制：正在学习的新内容干扰了之前已习得信息的回忆提取。

思考的时间

对于经常使用多种语言的人来说，干扰可能是一种真实存在的挑战。研究者发现，这种困扰可以通过脑电活动进行测量。

在一项研究中，被试被要求用中文或英文来为图片命名。在用不同语言命名时，所使用的图片是一样的（尽管呈现顺序会发生改变），你或许会认为被试在第二次看到相同的图片时会更快地给出名称。事实上，他们在第二次命名时所用的时间更久——不仅说得更慢，想得也更久。这种差异体现在对大脑对应功能区进行事件相关电位（event-related potential, ERP）[1]测量后得到的测量结果中。中文或英文哪个在先并不重要：事实上，当人们已经用一种语言命名时，这一语言中的词语已经首先浮现在人们的脑海中。接下来，他们需要先忘记这个词，然后才能在第二种语言中搜索到合适的词语。

但是，遗忘的发生也有很多其他原因。在前文中，我们了解了环境对于记忆的重要作用。人们之所以会忘记一些事情，是因为在一个完全不同的地方遇到了一群完全不同的人。比如，你可能在工作时想着"我要记得回家后做这件事"。但是，你回家后压根就没想起来做这件事。当第二天又回到工作场所后，这件事又

---

[1] 心理学名词，又称诱发电位（evoked potential），由刺激诱发并与刺激有固定时间关系的脑反应所形成的一系列脑电波。利用其锁时关系，经计算机叠加处理提取出相关成分。——编者注

冒了出来。对于此种现象，我发现的唯一的解决方案是，在大脑中形成一个走进家门，立刻去做自己想要记住的那件事的心理图像。在一个合适的心理环境中设置提醒，可以让自己在需要记起来的时候，更有可能想起要做什么。

我们有内部环境也有外部环境，自身的生理状态也是记忆的一部分，它会对记住或遗忘事情产生重要影响。最为常见的例子就是在喝酒的时候。我们或许会在社交晚宴上和朋友计划做些什么，但是第二天就忘得一干二净。重新记起这个计划，可能是因为我们又喝了一两杯。微醺的状态成为信息存在的内在环境，当我们把自己置于相似状态下的时候，其实就是重造了内在环境，也只有在此环境中我们才能再次提取信息。

这被称为状态依赖记忆，这种记忆也适用于药物。在本书结尾部分，我们会介绍一天中不同的时间也会对生理状态产生不同的影响，而像生气或平静之类的情绪也能做到这一点。因此，我们的内在环境也是遗忘的原因之一。

记忆与记忆能力的丧失

　　遗忘症是电影和电视剧钟爱的话题之一。某个人早上一觉醒来，不记得自己是谁、自己身在何处或怎么来到了现在所在的地方。通常，当事人的这种状态是因为某些坏人施加了一些邪恶的手段，而故事的主人公则千方百计地鼓励或者阻止角色找回自己的记忆。这确实是个不错的戏剧素材，但是与真实生活毫不相关。

　　在现实世界，患有遗忘症的人是不会忘记自己是谁的。我们的自我意识如此根深蒂固，难以撼动。即使是患有严重痴呆的人，也会记得自己是谁，尽管他们可能会认为自己活在过去，也认不出自己身边的人。就像电影中所刻画的催眠令人难以信服一样，好莱坞版本的遗忘症也和实际的情况大相径庭。

　　这并不意味着遗忘症不存在。对很多人来说，遗忘症是一个非常真实的难题。它涉及的是记忆缺失，要么是对过去发生事件的记忆缺失（逆行性遗忘），要么是对新信息的记忆困难（顺行性遗忘）。

　　逆行性遗忘（retrograde amnesia）很可能是由中风、脑肿瘤、脑部疾病、头部外伤或长期酗酒造成的。它涉及的问题并不包含类似语言一类的语义记忆，或者诸如如何穿衣、烤面包一类的程序记忆。这些记忆通常不会受到影响。但是，逆行性遗忘会对情境记忆造成影响，这就和过去所发生的事情相关。它通常意味着，我们可能丧失很多对于近期事件的记忆。当记忆逐渐恢复时（记忆通常会在脑部创伤愈合或者肿瘤移除后得到恢复），更久远的记忆通常会先被记起来，因为这些记忆曾经被多次提取，所以印象更为深刻。被回忆的次数越多，记忆越牢固，这是你在准备考试时需要着重记住的一点。

逆行性遗忘：失去记起过去的事件、情境和人的能力。

顺行性遗忘（anterograde amnesia）则是另一种情况。患有顺行性遗忘的人可以很好地记住以前发生的事情，或者在这一点上和正常人没有什么区别。但是，他们不能储存新的信息，因此他们的长期记忆来自遗忘症发作之前，之后他们就不能再回忆任何新的信息了。在《错把妻子当帽子》一书中，奥立弗·萨克斯讲述了一个患有顺行性遗忘的案例，案例中的男子几十年前经历了脑损伤，那时他 20 多岁。如今，他每天早上醒来都会对镜子里的人感到震惊，因为每一次他都看到镜子里有一个老男人在看着自己：他只记得经历脑损伤之前年轻的自己。

顺行性遗忘：失去储存新信息的能力。

对顺行性遗忘的研究给我们提供了很多关于记忆是如何在大脑中工作的知识。其最为重要的发现之一是来自亨利·莫拉森（Henry Molaison）的病例，这位患者曾经为了控制严重的癫痫而接受了大脑手术。手术切除了患者大脑的部分颞叶，并且移除了被称作海马体的大脑结构。手术后，患者的癫痫得以缓解，但是他发现自己完全不能保存任何新记忆。他有正常的数字广度和短时记忆，但是他的记忆会在几秒后消失，并不会长时保存。尽管他仍能学习新技能，但是完全不记得学习的过程。莫拉森死后捐献了自己的大脑，从他的病例以及其他的一些病例中，人们发现海马体在编辑和储存新的记忆方面起着至关重要的作用。

遗憾的是，遗忘症最常见的起因之一是一种被称为科尔萨科夫综合征（遗忘综合征）的障碍。它源自人们长期的大量饮酒，以及不规律或不充足的饮食。这些生活习惯会造成个体维生素 B_1 的长期缺乏，从而引发脑神经元的损伤：包括部分海马体及丘脑在内的大脑重要组织退化，而这会导致顺行性遗忘和逆行性遗忘同时发生。顺行性遗忘意味着个体很难存储新信息，因此个体记不住过去几年发生的任何事，这也就可以解释逆行性遗忘出现的原因。患有科尔萨科夫综合征的人社交能力完全正常，且能进行常规的对话：他们的障碍只有在被问及某些问题时才会变得非常明显，比如现在的英国首相是谁，或者最近都发生过什么。

获取知识

我们知道，海马体的损伤会对记忆造成影响。但是，研究者发现，锻炼记忆能力能够使海马体变大，甚至可以超过正常状态下的海马体体积。

在一项经典的研究项目中，伍利特（Woollett）和马奎尔（Maguire）研究了伦敦的出租车司机，这些司机需要对伦敦的每条街道和小巷都了如指掌。他们将出租车司机与伦敦的公共汽车司机进行了比较。和出租车司机相比，公共汽车司机也花了同样多的时间开车，也承受了同样多的交通压力，但公共汽车司机一般只走固定的线路。核磁共振成像扫描显示，相比于公共汽车司机，出租车司机的海马体的一些区域存在更多的神经元，而这些区域和空间记忆的存储相关。但是，与司机工作相关的其他大脑区域，由于两组司机相似的经历，并没有呈现什么区别。

动机性遗忘

在前文中，我们讨论了对尚未发生的事件的记忆——前瞻性记忆。然而，人们当然不可能总是记住计划要做的事。有时，我们会忘记自己已经约了和某人见面，或者忘记自己在回家的路上要去超市采购的打算。这种类型的遗忘可以经由干扰而发生，或因为彼时并没有正确的线索给予适当的提醒。但是遗忘之所以会发生，也可能是因为人们并不是真的想记住它。我们或许会忘记口腔科的就诊预约，或者忘记要为烘焙义卖制作一些可以售卖的糕点，但在潜意识里，我们会因为害怕牙医，或者不愿意见到卖场里的某个人而忘记要做的事情。

这种现象被称为**动机性遗忘**（motivated forgetting），它和思维方式都会受到无意识世界的影响。人们很容易将思维视为真实且理性的，如前所述，思维会受到心境、情绪和关系的影响。人们有时能想到这一点：即使我们已经相当成熟，但在生别人气的时候，我们或许会感受到，此时此刻能回忆起的，都是这个人做过的不好的事。事实上，此人还做过许多不错的事情，但这些事在当时是想不起来的。大多数时候，直到很久之后我们才能想到，情绪是如何影响思维的。心境和情绪为记忆提供了心理环境，因此人们更可能记起符合这一环境和情绪的事件，而忘记与此环境和情绪不符的事情。

动机性遗忘：人们之所以遗忘，是因为一种无意识的目的或愿望满足。

我们都有无意识的愿望和欲望，它们也会影响记忆。这一理念是由**精神分析**（psychoanalysis）理论的创立者西格蒙德·弗洛伊德推广开来的。精神分析理论是一种心理治疗方式，其理论基础是人类的思维受到了无意识世界的引导和塑造。这一理论在弗洛伊德提出之时还是相当激进的，因为在那以前大脑被认为只会产生合乎逻辑的理性想法，而情绪和欲望是完全不同的体验。弗洛伊德的理论则认为，我们的无意识世界是由混乱的需求构成的，这些需求来自情绪、良知，以及大量的（经常是痛苦的）记忆。他认为，有意识思维的主要工作就是在所有需求之间维持一种符合现实的平衡。

精神分析：一种心理治疗方式，根据特定版本的精神分析理论去理解个体所表达的以及无意间流露的困扰，从而对其无意识冲突进行识别。

弗洛伊德与压抑

弗洛伊德理论的核心概念就是被压抑的性欲望会对大脑产生

无意识的压力，这在维多利亚时代是非常令人震惊的理论，因为彼时的人们对性的态度非常保守。也许正是由于这个原因，他的理论出奇地受欢迎，也被很多文学家、艺术家和知识分子接纳。当今的精神分析师仍然会使用他的理论，但由于现代的心理学家已经对大脑的运作方式有了更多的了解，他们对弗洛伊德的理论也就不再那么重视了。但是，弗洛伊德的确开启了整个无意识领域的研究，也探究了无意识是如何对人类施加影响的。曾经，人们认为大脑只以一种有意识的理性方式进行思考，弗洛伊德的理论则对这一普遍接受的观点构成了挑战。他的某些见解，诸如动机性遗忘和无意识想法，对人们理解自己的思维方式都有重要的意义，尽管我们不一定全盘接受他的理论。

弗洛伊德把所有的遗忘都视为某种形式的动机性遗忘。他认为，人们忘记事情，是因为这些事情以某种方式提醒了他们被掩埋的情绪冲突和早年创伤。把冲突与创伤带入意识层面，让人们知晓其存在会让人过于痛苦，因此思维不仅压抑了情绪冲突本身，也压抑了任何可以与这一情绪冲突相关联的事物。我们会忘记烘焙义卖的事情，就是因为义卖活动的组织者让人想起了一次令人痛苦的邂逅，而邂逅的对象长得很像这位活动组织者；我们忘记了口腔科就诊预约，可能是害怕别人在我们嘴里捅来捅去，因为这让人想起了由于把不该吃的东西放进嘴里而受到惩罚的婴幼儿期经历。

认知加工提高记忆力

正如你所知道的，心理学家对思维和记忆知之甚多。但是这些有什么用呢？考试是我们尤其需要依赖记忆的时刻。大多数人在一生中都会参加考试，而且往往不止一次。此外，我们或许还需要做工作报告，在报告中向他人陈述观点或计划。那么，在这些时候，我们又该如何充分利用那些有关记忆和遗忘的研究呢？

随着时间的流逝，记忆也会渐渐消逝。然而，我们越经常从记忆中提取信息，那些被提取的信息留给我们的印象就越深刻。这就是为什么老年人对年轻时发生的事件会记忆犹新，而对近期的事件则印象不深：有关久远事件的记忆已经被复习很多次了。但是，有些记忆要花上几小时或几天时间才能进入我们的意识思维，如果这种情况发生在考试之时，就无异于一场灾难。因此，复习的作用就是在一定程度上让你更熟悉所记忆的内容，更重要的是，复习是为了确保在必要的时刻你可以拥有足够多的线索来想起需要的那些信息。

我们如何做到这一点呢？这与认知加工（cognitive processing）有关。有时候，人们会被动地接收一些信息，它们没有经过特别的思考，因此很容易被遗忘。但有些内容则更有意义，人们会对其反复思量，并且与自己所了解的其他信息建立联系。换句话说，经过处理的信息可以被更好地回忆。而我们记得最牢固的，就是涉及我们与他人关系的内容。这是人类作为社会化动物的进化遗产的一部分：社交互动与社会关系确实具有重要意义，所以我们会对这部分信息进行深加工。这就是为什么和别人一起复习比一个人温习更加有效——只要你不分心。

> **认知加工：** 在心理上对新信息进行组织和处理，从而令其与其他已习得的知识建立联系。

有很多研究对不同的认知加工水平进行了比较。在一项由弗格斯·克雷克（Fergus Craik）和罗伯特·洛克哈特（Robert Lockhart）进行的重要研究中，参与者被要求学习一长串单词：第一组参与者被要求通过一次次重复记忆的方式记住这串单词；第二组参与者则被要求形成每个单词的视觉图像；第三组参与者则要用每个单词造句。研究结果显示：第一组参与者并没记住多少单词，只记住了词串开头和结尾的几个；第二组参与者则记住了更多的单词；第三组参与者记住的单词数量是第二组的两倍。

这表明，我们会更加擅长记忆那些有意义的信息。**视觉化**（visualization）——创造出事物的心理图像或者以某种方式改变信息的呈现形式，都会对记忆有所帮助。认真思考你要学习的信息的意义、理解它的含义、把信息与其他你已经掌握的信息建立联系，这才是最有效的认知加工的方式。所以，以思考信息含义的方式复习会比其他复习方式更高效。以自己的方式总结信息，绘制图表将一个想法与其他想法联系起来，或者制定一套题目来测试一下和你准备同一场考试的朋友，这些都是不错的认知加工方式，而且我相信你还能想出更多的好方法。

视觉化: 对一个想法或事物形成心理图像。

记忆词表

一次，我的一位朋友选修了一门医学课程，这门课程要求学生记住很多组医学术语和化学名称。她向我讨教有什么方法可以帮助她，确实有。她可以做的第一件事就是将每一个词语视觉化。她为每一个专业术语都创造了一幅心理图像，所创造的图像通常基于词语的发音而形成。例如，单词"凝集原"（agglutinogen）形成了胶水罐（a glue tin）的心理图像。然后，她用到了我们曾提到的位置记忆法，将这些图像形象化地呈现在一条她所熟悉的小径的不同位置。几周之后，我问她词汇表记忆的进展如何，尽管她觉得自己快要半途而废了，但她说这是一个非常聪明的办法。

关于考试和报告，还有一件重要的事情需要了解：我们并不会将所有记忆永远保留在有意识的思维层面。我们知道很多的信息，但只有通过提示或问题的提醒，我们才会想起它。如果某一

天你有一场重要的报告或考试，但一觉醒来，你发现自己的大脑
一片空白，不记得所学的任何东西，那么别着急——你当然记不
起什么。在你睡着的时候，大脑一直都忙着把所学的内容和其
他事情联系起来，只有这样，这些新学的知识才会刻印在你的
脑海中。试图让这些知识一直在意识层面嗡嗡作响是没有什么意
义的：你是无法记住所有信息的。大脑只会选择留存那些更为重
要的部分。如果你真的理解了所学内容，就不会觉得记住它是件
麻烦事了。

8

有意识思维与无意识思维

人类的思维是复杂的、多面的。很多事情要么停留在意识表层，要么深埋于让人无法觉察的无意识世界，但无意识也会影响思维方式。意识有不同的形式，从高度警觉到"关机状态"，或是醒着的时候做"白日梦"。我们睡觉的时候，思维仍旧保持活跃，做梦可以帮助我们理解日间所经历的事件。即使在醒着的时候，一天中昼夜的不同时段也会对人们的警觉状态构成影响——体验过时差的人对此深有体会。

　　无意识世界比我们认为的更具影响力。比如，人们很容易受到他人对自己的看法的影响：这些看法会悄然无声地渗透进个体对自己是谁的一般认知中。我们也会利用一系列的防御机制在无意识中保护自己，从而可以抵御那些现实的或者假想的威胁。此外，人类有共情他人的强大能力，它是社会生活与为人处世的诸多积极因素之一，只是很容易被低估和忽视。

当下的意识

　　在思考的时候，人们到底在做什么？有时候我们十分清楚自己的想法，这些想法就是脑海中的谈话或图画。但很多时候，思考在背景中进行：我们并不知道它的发生，尽管如果愿意，我们可以把想法带入直接的意识层面。还有些想法，深深掩埋在意识层面之下，以至于我们完全没有意识到它们的存在。

　　所有这一切会引出关于意识以及意识到底是什么的问题。这是一件人们认为自己一定知道，却很难说得清楚的事情，不同的理论家对此提出了不同的解释。神经学家马克·索尔姆斯（Mark Solms）认为，意识和觉察是一回事儿。他认为任何对周边环境的觉察，并且根据这种觉察做出反应的过程都是有意识的。有一些理论家则持不同的观点，他们认为，意识只与让我们能客观审视自身的自我觉察形式相关，它游离在我们的思维之外。另有一些人认为，意识是社会互动的结果，包含诸如模仿、欺诈和语言等社交技能。

　　心理学家、哲学家和神经学家目前还会为意识这一概念争论很久。但是，对大多数人而言，意识是醒着时所拥有的感受，是专属于人类的感受。意识包括自我觉察及能从他人视角认知事物。尽管从他人视角认知事物这一点有些难以理解：我们把这种技能称为**心智理论**（theory of mind, TOM），在人三四岁的时候才会出现。在此之前，孩子们总是假定，他们知道的也是别人知道的，就像捂住自己眼睛的小女孩会因为她看不到你就认为你也看不到她。但是你也很难说小孩是没有意识的，我想这或许能说明定义意识是多么困难的事情。

> **心智理论：**认识到他人的想法和知识有别于自己的能力。

因此，还是把定义意识的难题留给哲学家和神经学家吧。我们只需要假定，当自己醒着并且接纳周围环境的时候，意识就存在了。人们对自我的感知无时无刻不在发生变化：比如，你可能正阅读到此处，现在我提到意识的话题，你突然就对自己的坐姿和站姿有了清晰的觉察。你有意识地关注已经从书中的文字转移到了**本体感觉**（proprioception）和其他类型的信息输入。当你继续阅读时，这些感觉可能会或不会跟随你，这取决于你的专注程度及周围的环境。比如，在疾驰的火车上，你需要将自己的部分意识放在环境监控上，自己在哪儿，火车到了哪一站，而余下的意识可以专注于自己所阅读的内容。

本体感觉：一种身体感觉，通过这种感觉，我们可以了解到自己四肢的位置以及感知到肢体的移动。

你专注吗

你真的观察过一个橙子吗？这是后来被称为"正念"练习的最初几个练习之一。在这里，练习者被要求拿着一个橙子，然后全心全意地感受它的存在——千万别吃掉它。他们要把注意力集中在橙子的外形，包括其形状、颜色和品质上，它闻起来有什么气味，以及把它拿在手里的感受，等等。练习者之所以这么做，是要在此过程中摈弃其他所有侵入他们意识层面的想法，并将思想完全集中到这件事情上。

这一练习在 20 世纪 70 年代的格式塔疗法中被使用，之后与佛教中的冥想技术整合形成了被称为正念（mindfulness）的心理治疗方法。正念就是把你的全部注意力转移到即刻的当下，并把其他的一切抛之脑后。或许是因为正念疗法给人们带来的心理放松感，它被证实对人的身心健康皆有裨益，特别是在减少压力和缓解焦虑方面效果尤为突出。

因此，意识并不是一件非此即彼的事情：即使我们的主要注意力在别处，也可以用部分意识注意到某件事；我们可以沉浸在一项活动里，却突然将注意力转向周边的环境。我在前文中提到，当别人呼唤你的名字时，你的注意力可能立刻就被吸引了，即使彼时你正全神贯注地做其他事情。当我们刚刚醒来或有些昏昏欲睡时，只能保持适度的警觉。而当彻底放松时，我们可能会有意识地思考，但也可能是单纯的放空。正如在露西·莫德·蒙哥马利（L. M. Montgomery）的《爱德华岛的安妮》（*Anne of the Island*）一书中，阿米莉亚·斯金纳夫人对安妮·雪莉说的："有时候我会坐在那里思考些什么，有时我就单纯地坐着。"

睡梦中的思维

即使不能意识到周边的环境，大脑依旧是活跃的。有一种说法是，人们在任何时刻都只使用了 10% 的大脑——这种说法显然是错误的。我们的整个大脑都一直处于活跃的状态，但是参与不同类型的心理或生理活动的**神经元**（neurones）组之间会存在不同的路径。即使在我们睡着的时候，大脑也依然保持活跃：这可以体现在做梦的时候，也可以体现在我们认为通常不会做梦的深度睡眠状态（我之所以说"我们认为"，是因为做梦通常被认为只发生在快速眼动阶段，但有研究显示，在其他类型的睡眠中，人们有时也会做梦）。

> **神经元：** 在大脑区域与神经系统之间传递信号的神经细胞。

做梦本身是一个非常有趣的现象。人们提出了很多理论对梦境进行解释。一些理论家认为做梦只是随机的神经活动，大脑细胞在我们睡着之后继续保持活跃的状态，而我们的梦境就是这种活跃状态的副产品。

在现实情况下，每个人的经验是不同的，因此我们不能天真地认为，每个人会以同样的方式看待事物。然而，我们所知道的是，带着问题入睡有助于第二天醒来后能更清晰地看待它，并且理顺自己的解决思路。这就好像无意识思维整晚都在思考这个问题，并且找到了一套在前一晚临睡前我们不曾想到的解决方案。

这一现象是有原因的，这与信息的**巩固**（consolidation）有关。在醒着的时候，我们接受各种各样的信息轰炸，即使刻意把生活的节奏放缓，信息也不曾间断过。交流、工作、放松、娱乐、看电视、烹饪、吃东西，等等，这些活动都会提供这样或那样的认知输入。我们可能会在做"白日梦"或是发呆的时候把这种输入暂时关闭，但是大多数时间里，输入是持续不断的。因此，在我们开始真正地处理一项信息之前，已经有更多的信息源源不断地涌来。

> **巩固：**将短时经历或记忆转变成长时有意义信息的过程。

但是，在夜间，我们对外部刺激的觉察就弱得多，这也让大脑能更容易地处理已经接收到的信息。大脑把这些内容进行归类，找出内容之间的关联，并且将日间的经历与我们以往的经历建立联系。因此，如果此时有新的方案出现，可以解决一直困扰我们的难题，那么这也并不奇怪：大脑将问题的各个方面与以往的经验相联系，从而找到解决问题的替代可能。

如果你不做梦呢

梦境可以帮你厘清思路，并且用正确的视角看待所发生的事情。从这个角度出发，做梦对于我们的心理健康和清晰的思维能力都尤为重要。已经有数项关于阻止人们做梦会发生什么的研究，在实验中，人们可以睡觉，但是会在做梦时被叫醒。事实证明，这当然不是什么好事。几晚之后，人们会变得思维混沌不清，在工作或学习中频频出错。当无梦状态持续，他们开始出现幻觉，变得易怒和偏执。大多数情况下，这种现象会在一夜好梦之后消失。但是，如果梦境剥夺持续足够长的时间，当事人就会出现严重的心理问题，甚至最终会患上永久性的精神疾病。这就是为什么比赛或者挑战不睡觉是一件极其愚蠢的事情。你在拿自己的理智状态冒险。

在夜间，睡眠模式会在有梦睡眠与无梦睡眠中切换，所以我们一晚上通常会做好几个梦。一些人会说自己晚上没有做梦——他们其实是做了梦的，只是习惯性地在无梦睡眠状态中苏醒，从而让自己无法记住任何一个梦境。另一些人会在有梦状态中醒来，所以他们会记得至少几分钟的梦的内容，即使是患有失眠症的人也会做梦，但他们通常梦到的是自己一夜无眠！我曾经和一个经常失眠的人进行相关的讨论，她觉得自己整晚都醒着，只有在看时间的时候才意识到自己应该已经睡了一会儿，因为那时她发现已经过去两三个小时了。因此，即使你认为自己没有睡着，躺在床上安静地休息本身就有它的价值。

我们有时很清楚自己在做梦，这被称为清醒的梦。心理学家在研究清醒之梦时发现，人们事实上可以在梦境中为一些事做决定，还能控制一些事情的走向。但只有当他们决定做的事在那个梦境世界里是"现实的"，这种情况才会发生。比如，你可以让某个人从门外走进来，但是不能让那个人莫名其妙地冒出来。如果你觉得自己在做清醒的梦，不妨试着控制它，看看自己能做些什么。

昼夜节律差异

　　思考或至少有意识的思考，与警觉状态紧密相连。我们越专注于所思考的事情，越可以厘清自己的思绪。但是，我们的警觉状态并不总是相同的：在一天中的特定时刻，我们特别清醒；但有些时候，我们就会更混沌、更放松。与由深睡与浅睡构成的睡眠循环模式类似，人们的清醒状态也呈现某种循环。这被称为昼间节律或**昼夜节律**（circadian rhythms）。与夜间节律在夜晚起作用类似，昼间节律是在日间发生的生理节律，而昼夜节律则是指日夜交替。这些节律或者模式，是我们每天都会遵循的。

> **昼夜节律：** 在昼夜 24 小时的特定时间里会规律发生的生理和心理过程。

　　最常见的模式是，当人们在大约早上 7 点醒来时，整个人也随着旭日东升渐入佳境，直到中午 11 点达到巅峰状态。之后状态开始下降，到下午 2 点左右就到了打盹的时候，此时整个人的警觉状态进入低谷，之后又缓慢地回升，直到傍晚时刻又达到另一个高峰，虽然此时的高峰不及中午 11 点的。从晚间八九点开始直到入睡之前，我们的警觉状态逐渐消退。如果那天晚上我们不睡觉，警觉状态会持续消退，直到凌晨 2 点到 4 点达到全天的最低点，之后又朝着清晨 7 点稳定回升。

这是最为典型的模式，这个模式并没有因人而产生过大的差异。有些人觉得他们在日间的反应最快，而在晚间就很难做一些需要集中注意力或涉及复杂思考的事情。另一些人，特别是幼儿的父母们，只能在晚间从事一些需要集中注意力的工作，那时他们往往不会受到其他杂务的干扰，因此他们会努力训练自己的思维和身体去适应这样的时间安排。另外，有一些人是"夜猫子"：他们往往早上状态不佳，而在下午处理复杂的任务会更有效率，在晚上又最善于交际。但是，这些人的认知节律也都遵循上述常见模式，白天依旧是他们处理复杂事务的最佳时间，尽管他们不会把它放在早上来做。

高速公路事故

昼夜节律对我们的影响比想象中还要大。交通研究人员多次发现，高速公路事故最可能的发生时段是凌晨 2 点到 4 点，而这些事故发生的原因大多是司机开车时睡着了。我们之所以知道这个原因，是因为在这些事故中人们完全找不到司机刹车的痕迹。通常在高速公路事故中，道路上的刹车痕迹可以证明司机曾经多么用力地踩踏制动踏板来努力避免撞击。但是，如果司机睡着了，他们就察觉不到迫在眉睫的撞击，甚至不知道自己正在全速冲向一座混凝土桥。令人难过的是，这样的事故太常见了，因为太多的人都认为夜间开车保持清醒对自己来说不是问题，自己不会因为持续驾驶而丧失专注和警觉。

　　我们是怎么知晓这一模式的呢？研究者发现，即使是在大型地下洞穴中生活的人身上也存在这些模式，尽管那里不存在昼夜之分。这一模式可以通过一系列的测量指标体现，其中包括体温测量、反应时间测量等物理指标，以及持续保持注意力集中的能力、出现错误的概率等心理指标。出现错误的概率可能是最为重要的一项标准，原因在于，在现代社会，很多人都会和复杂的机器设备打交道，而小的失误可能会带来巨大的影响。

　　当然，这一模式不可能对每个人都适用。例如，从事固定轮班工作的员工就可以适应白天睡觉，晚上工作的生活。然而，在很多工作场所，人们会频繁地换班。比如，人们要适应每周都有不同的工作时间安排。这从生理层面考虑是很难应付的，因为换班过于频繁，员工根本没有时间让身体完全适应新的工作时间表，但是如果这些班次是向前轮换，而不是向后轮换，那么工作失误发生的概率就能大大降低。也就是说，如果原先的班次是早上6点到下午2点，那么把它倒到下午2点到晚间10点，再倒到晚间10点到早上6点，人们就会更为适应，而如果把早上6点到下午2点的班次，倒成晚间10点到早上6点的班次，以此类推，员工适应起来就更为困难。

　　如果你曾到时区完全不同的国家旅行，你就体验过昼夜节律。

时差综合征（jet lag）是一种昏昏欲睡的状态和认知专注能力缺乏的表现，发生这种情况是因为我们的身体需要时间来适应新的昼夜节律。我们的生物钟大概需要 10 天去适应新的时区。因此，经常跨时区旅行且停留时间不长的商务人士，往往会采取一些措施以确保自己的昼夜节律不被过度干扰。

> **时差综合征：** 由一个时区快速移动到另一个时区所带来的头昏眼花和无法集中注意力的体验。

自尊与自我意象

"那是我的第四个三明治——我肯定比自己想象中的还饿!"
听起来熟悉吗?有时我们会讶异于自己的言行,对自己是什么样子
的以及自己可能做些什么都会有一些预期,但这些想法并不总是完
全准确。人们对于自我的感知,以及对自己是谁的理解都属于自我
概念的范畴。在观察别人看待我们的方式时,我曾在前文简要地提
到过自我概念。此外,前文也讨论过自我效能——人们认为自己做
事的效率有多高。但是自我概念并不是固定且明确的:它会随着时
间的推移而发生变化,自我概念的变化有时并不是我们希望看到的。

自我概念之所以不是固定且明确的,部分原因是人们对于他
人有关自己的看法相当敏感。很多研究都显示,来自他人的反馈
会影响自我认知。如果看法是负面的,那么它可以降低自信,让
人们变得害羞且焦虑;如果看法是正面的,那么它就可以帮助人
们变得开朗且善于交际。或者,如果在别人眼里我们有某种特质
或者特别的能力,那么我们也会这么看待自己。比如,喜剧演员
总是说他们走上喜剧表演的道路,就是因为朋友、学校或工作中
的伙伴都觉得他们的言语行为非常讨喜。

自我概念通常被认为包含两个部分：**自我意象**（self-image），即我们认为自己是什么样子的；**自尊**（self-esteem），即我们认为自己的价值所在。二者是相互联系的，但又不完全相同。它们共同影响着思维方式：视自己为安静且有思想的人会相信自己能在符合这类想法的工作中做到最好；视自己为时尚人士则可能认为自己在社交媒体上成为一个有影响力的人；认为自己并不擅长某事的人可能会避开一些绝对能胜任的挑战。

自我意象： 我们对于自身及我们认为自己是什么样的人的总体看法。

我们和他们的问题

一些研究者发现，自我意象是形成刻板印象和偏见的一个重要因素。有些人觉得，有必要通过严格区分"我们"和"他们"的范围捍卫和支持自己的自我意象。因此，这些人会向被视作"他人"的群体表达轻蔑和鄙视。持此类态度的人又通过与持类似观点的他人交流而使这种态度变得根深蒂固，进而渲染夸大——有时甚至会导致真正的暴力事件的发生。然而，幸运的是，大多数人平和得多，他们对自己也更有信心，无须通过贬低他人维持自我意象。那些离开原先所属团体的人经常在离开后对自己曾经的极端态度感到震惊（和厌恶）。

自尊：我们对于自身价值以及在多大程度上值得被尊重的一般感受。

一直以来，人们都在关注社交媒体对于心理的影响。有研究显示，社交媒体的心理影响取决于一个人的活动是以自我为中心，还是以他人为中心。如果社交媒体活动主要呈现积极的自我形象，就会带来良性的心理结果，但是如果活动主要关注在他人所呈现的理想形象上，那么其带来的心理影响则是负面的，部分原因是这样的活动大多会引发消极的比较和缺陷感。当然，通常情况下，自拍是自我定义与自我表达的有效手段，也就是说，自拍开辟了创造自我意象的可能性。

他人的反应对个体自尊有重要的影响。那些在成长过程中有面部缺陷或其他残疾的人，往往要经历一段漫长的心理"旅程"，才能发展出积极的自我意象：他们需要学会珍惜从真正了解他们的人那里获得的反馈，也要学会忽视陌生人的负面反应。同样，对青少年来说，学会应对来自社交媒体的负面评价也是尤为困难的。如果他们像大多数人一样，在儿童期建立了自我安全感，他们就有足够的心理弹性来应对这些评价。但对很多人而言，来自社交媒体的负面反馈会对自尊造成伤害。

因此，社交媒体是否有价值，取决于我们怎么使用它。现代生活中，我们不可避免地要与他人发生联系，社交互动总是影响我们对于自我的理解，但发生改变的也只是我们的一些交流方式而已。有研究显示，通常情况下，经常使用社交媒体的人比不经常使用的人，呈现相对较低的自尊水平。也有一些研究显示，在一到两周内，不用社交媒体可以显著改善一个人的心理健康水平。但是如果人们用社交媒体来强化自己的优秀品质，并因此得到了鼓励性的反馈，那么他们的自尊水平也会得到积极的改善。学习如何避免、忽视或抛弃负面信息源，并且专注于让我们自我感觉良好的事情，都是对改善自尊最为重要的。

常见的心理防御机制

正如我们在本书中了解到的，人们的很多想法是完全无意识的。大多数时候，它们根本不在直接的意识层面，但可以在需要的时候被带入意识。正如我们在前文提到过的，有时这些想法被深深地掩埋，以至于人们可以在毫无知觉的情况下被它们影响。无意识思维通过一系列的**防御机制**（defence mechanism）提供保护，以免我们直面那些潜在的具有威胁性或者创伤性的想法。心理咨询师和临床心理学家都非常熟悉这些防御机制，因为他们在帮助人们应对心理问题时经常遇到它们。

防御机制：我们的大脑无意识使用的一种方式，用于避免直面难以处理或具有挑战性的信息。

防御机制相当常见，它可以帮助我们应对日常生活中所遇到的个人威胁和挑战。以下是一些我们会使用的主要防御机制。

- 压抑（repression）：将那些不受欢迎的想法或记忆隔绝起来，不让它们进入意识范畴。比如，忘记某人的联系方式，因为这个人与我们某些令人尴尬的或创伤性的经历相关。

- 合理化（rationalization）：找到一些合乎逻辑的理由或解释为错误做辩护，从而避免直面错误。比如当忘记叫醒别人的时候，你就会认为让他多睡点没什么不好。

- 否认（denial）：因为直面现实会令人感到困扰，所以就拒绝接受或承认它的存在。这一防御机制很常见，比如失去挚爱伴侣或配偶的人会说一些奇奇怪怪的话来否认自己的丧失，特别是当他们感到自己的伴侣并没有去世，而只是离开了家的时候。

- 替代（displacement）：将行为反应或者情绪反应转向另一个目标，因为将其直接指向造成这些反应的人太具有挑战性了。这一防御机制的一个例子就是，某人在工作中被老板为难，回家后就开始摔东西，或更有可能发生的事情是，冲自己的伴侣发火。

- 隔离（compartmentalization）：在生活的某一部分和其他部分之间划定并维持严格的界限。这一防御机制通常被很多从事具有情绪挑战性工作的人使用，诸如一些军事人员，或者那些和严重受伤的动物打交道的人。

- 投射（projection）：将自己不能接受的想法或感受归于他人，而不是直接面对。比如，一个极端易怒和偏狭的人会认为他的工作伙伴是易怒的，而并不是他自己。

- 反向形成（reaction formation）：以与自己真实的无意识感

受相悖的方式进行行动、思考和交流。

- 升华（sublimation）：防御机制中更为积极的形式之一，将不可接受的情感或想法转化成某种生产性活动。一个典型例子是，为了避免处理一段失败的恋爱关系所带来的个人创伤，个体会积极投身于写作或艺术创作。

- 理智化（intellectualization）：通过只关注事件或经历的抽象或理智层面，避免直面其情感层面。这一防御机制对于离婚者并不罕见，人们在离婚后不会直言情绪对离婚这一选择的影响，而是把婚姻失败归因于财务或时间管理上的问题。

- 退行（regression）：通过采用儿童期或婴儿期的行为或情绪模式，对具有挑战性的事件做出回应。比如，当事情太难处理时，人们会哭出来。

其中的一些防御机制明显会令其他人感到不愉快或不公平，从而引发歧视与攻击。但是正如我们看到的，有些防御机制实际上是积极的。比如，升华就催生了文学和艺术上的很多杰作；即使是否认，也能给因丧失亲人而正经历情绪动荡和情感创伤的人们一些精神上的喘息空间。当然，长期的持续否认并不是一件好事，但只是持续个把小时也不是什么坏事。

在 20 世纪 60 年代，有一种趋势认为所有的防御机制都是消极的，并且断言如果一个人的所有防御机制都被攻破，那么他就可以变得更加积极乐观。这就导致 T- 小组（现在被称为训练小组）、会心团体和很多民间干预手段都不再有效。精神分析师很快就意识到攻破所有防御机制的目标过于不切实际。有时候，我们只是需要将自己的思维能力从饱受创伤的心灵中拯救出来。

你能应对没有手机的生活吗

我们在无意识中进行自我保护的另一种方式就是利用某种可提供安慰的对象。我们可以使用特定的物品、场所或活动来达成这一目的，就像小孩都会有自己喜爱的玩具一样：它是人们面临压力时的避难所，也是身处困境的安慰剂。它是退行的一种形式，但是经过层层伪装，作为成年人的我们或许对自己的这些行为全然不觉。当处境变得艰难时，我们还是会做出那些熟悉的令人感到安慰的行为。我们或许会缩进厨房，做起熟悉的烘焙或烹饪，或者跑到花园的小屋中，待在自己的"私人天地"里，甚至会去购物。

截至目前，现代社会生活中最为常见的"依恋对象"就是智能手机，它被认为是人们在处理负面情绪时能够提供安慰的主要工具。如今，甚至出现了一个新的词语——无手机焦虑症，它被专门用来描述某些人和手机分离后所体验到的焦虑和痛苦。

共情力与情商发展

思考是一种内在的心理体验，它与个人加工信息的方式相关。我们的很多想法都是关于他人的。我们想着别人，对别人做出判断，而他们也以多种方式影响我们的思考。这都是因为人是社会化动物，是以社会群体的方式繁衍生息的物种，而大脑已经进化得能够处理社会信息。一些研究者认为，社会生活的复杂要求，实际上引发了人类大脑的广泛性发展。这确实是一个因素，尽管未必是唯一的因素。

社会生活的一个重要方面就是**共情**（empathy）——从他人的视角看待问题，理解他人经历的能力。共情涉及分享，至少是理解他人的经验。它可以以多种方式进行表达：它有时会表现为直接的安慰，即使是两岁的幼儿也能对他人的痛苦情绪做出反应，并且尝试给予安慰。比如，拥抱他们或者给他们一个自己最喜欢的玩具。但是，共情也可以通过更为隐秘的方式表现，这相当常见。比如，某人在处理情绪困扰时，他的同事会刻意减轻他的工作量，或者当一个人遭遇丧亲的痛苦时，他的邻居会带着食物来看望他。

共情： 从他人视角感受和理解他人经历的能力。

心理学家认为，生活中存在两种不同的共情形式。第一种是情感型共情，它与情绪情感相关。比如对某人感到同情或怜悯，或者当面对他人的痛苦时能体会到焦虑和困扰。另一种是认知型共情，它指的是能够理解他人的观点或心理状态。认知型共情包含从他人的角度看待问题（甚至可以利用这些视角来达成个人目标），或者与图书或电影中的虚构角色产生共鸣。这一类型的共情与情绪情感关系不大，但和思维的关系更加密切。两种类型的共情紧密相连，互为补充。

人与人之间的共情能力有很大的差异。有些人好像就是不会共情：即使他们是善意的，大多数时候也体会不到他人的感受。另外一些人则能够深度共情：对他人高度敏感，能够对他人的情绪感同身受。在某些方面，这些人会把他人的情绪视为自己的情绪，以此做出反应。然而，真正有趣的地方在于，共情好像是我们大脑工作方式的一项基本特征。大脑的特定区域负责与他人的交流与互动，这些区域也包含神经细胞或神经元，它们会在大脑中生成反应，反映我们看到的发生在他人身上的事情。这些神经细胞被称为**镜像神经元**（mirror neurones）。因此，看到别人笑的时候，镜像神经元就会被激活，我们可能也会跟着笑起来。另一个例子是，当看到运动员跳远的时候，我们大脑中控制跳跃运动的区域也会产生轻微的回响。这是人类的社会本性影响大脑发展的另一种方式，也体现了共情是如何深刻地根植于我们的思维之中。

> **镜像神经元：** 大脑中控制我们自身反应的神经细胞，也会在看到他人的行为时以同样的方式采取行动。

共情与情商的概念是相互关联的：我们通过生活中的情绪情感来管理个人的思考方式，以及我们与他人的关系。善解人意的人往往在情商测量时得分很高，可以被称为好的领导者和管理者，也特别能胜任照顾他人的工作，诸如护士或社会救助者。但是共情并不仅仅属于个人特质：它也被看作社会生活的润滑剂，而这种润滑的作用体现在生活的方方面面。除了个人的同情或善意行为，人们也可以大规模地表达共情。奥运会和残奥会的群体行为研究显示，观众可能会被运动员的个人故事吸引，即使那个人没有那么成功，也会对他表达极大的支持。当然，慈善募捐也是通过讲述那些需要帮助的人或动物的故事来唤起他人的共情，这一招确实非常奏效。共情是人类发展的基础，它以不同的方式在各种情境下发挥作用。

你有多么善解人意

不是每一个人都具有相同程度的共情能力。心理学家们研究过被他们称为黑暗三性格（dark triad）的一组人格特征，这些人格特征的极端状态是非常危险和不受欢迎的，而很多人在某种程度上拥有这些人格特质。

黑暗三性格包含三种特质：自恋，其极端状态以自负和自我中心为典型特征；心理变态，以冲动和自私为典型特征；马基雅维利主义，表现为对他人的剥削态度及道德感淡漠。

尽管共情与自恋关系密切，但是在这三种特质中的任何一个取得高分，都意味着人格中共情能力的极度缺乏，或是对人类同伴难以表达温暖的态度。幸运的是，这些极端的人格非常罕见，而这些特质的适度呈现有时可能是有益处的。比如，一个完全不会自恋的人，同时也会是一个完全没有自信的人。

版权声明